国家级职业教育专业教学资源库课程
河北省职业教育精品在线课程
河北软件职业技术学院教学改革研究项目
高等职业教育专科、本科计算机类专业新形态一体化教材

Photoshop 项目化实用教程

主　编　刘　庆　刘　颖　李奇功
副主编　郝爱飞　姚　杰　李睿智　管志翰　于　洋
参　编　王　峥　朱　宁　王琳宇　杨东霞　孙小丽
　　　　米静霞　石静雨

电子工业出版社
Publishing House of Electronics Industry
北京·BEIJING

内 容 简 介

本书基于建构主义理论、能力本位理念、项目教学法、混合教学的方式科学设计了具体的教学模式，融入大量思政元素，本着以学习者为中心的原则，利用项目情景导入课程内容，准确、全面地展示课程重点、难点。

本书分为两部分，第一部分为项目任务实战，第二部分为基础知识技能。其中，第一部分又分为基础技能篇、专业实训篇、审美提高篇。基础技能篇设置了 4 个项目（项目 1～4），专业实训篇设置了 3 个项目（项目 5～7），审美提高篇设置了 1 个项目（项目 8）。每个项目包含 5 个任务，遵循由易到难、从示范到引导、循序渐进的方式。每个项目都设计了具体的教学目的和重点、难点分析，每个项目以 2～4 课时为宜，教师可依据专业要求、课程标准选取教学内容，围绕学习任务，细化教学目标，合理把握教学进度，组织具体教学。

本书可作为高职高专院校艺术设计、数字媒体相关专业"Photoshop 设计"课程的教材，也可作为 Photoshop 设计培训用书和 Photoshop 爱好者自学用书。

未经许可，不得以任何方式复制或抄袭本书之部分或全部内容。
版权所有，侵权必究。

图书在版编目（CIP）数据

Photoshop 项目化实用教程 / 刘庆, 刘颖, 李奇功主编. -- 北京：电子工业出版社, 2025.1. -- ISBN 978-7-121-48664-7

Ⅰ. TP391.413

中国国家版本馆 CIP 数据核字第 2024ZD6226 号

责任编辑：李　静
印　　刷：天津画中画印刷有限公司
装　　订：天津画中画印刷有限公司
出版发行：电子工业出版社
　　　　　北京市海淀区万寿路 173 信箱　邮编：100036
开　　本：787×1092　1/16　印张：14.75　字数：378 千字
版　　次：2025 年 1 月第 1 版
印　　次：2025 年 1 月第 1 次印刷
定　　价：49.80 元

凡所购买电子工业出版社图书有缺损问题，请向购买书店调换。若书店售缺，请与本社发行部联系，联系及邮购电话：(010) 88254888，88258888。
质量投诉请发邮件至 zlts@phei.com.cn，盗版侵权举报请发邮件至 dbqq@phei.com.cn。
本书咨询联系方式：(010) 88254604 或 lijing@phei.com.cn 或 QQ：1096074593。

前　言

　　Photoshop 这款软件从传统纸媒时代到文化创意数字时代，再到人工智能、人机交互的时代，经久不衰，并且一直与时俱进。本书从 Photoshop 软件中精挑细选提炼出 43 个基础知识点，涵盖了教育部一级等级考试的内容，每个知识点都配有 5～8 分钟的微课。本书本着让学生能够快速上手的教学理念，关注学生的学习习惯，力争让学生从海量知识中摆脱出来，轻松学习 Photoshop 的工具和命令。本书是一本能最大限度地满足教学需要且精练的新型活页式教材，具有极大的推广价值。

　　本书编者团队由经验丰富的高校教师和企业一线资深设计师构成，内容上精选了与工作或生活相关的项目及真实任务，加入了视觉传达设计相关知识以提高学生设计思维能力。通过学习这些项目，可以将 Photoshop 软件的操作与创意设计融合，帮助学生快速成长为一名准设计制图师。本书以真实工作项目为导向，以任务为驱动，循序渐进。学生可利用碎片化时间，灵活地进行学习，在轻松的学习氛围中掌握各项技能。

　　本课程可用于高职高专相关专业的 Photoshop 教学，也可以自学。通过本书的 32 个任务和 8 个技能训练的实战练习，无论是在校学生还是职场新人，都能迅速掌握 Photoshop 的各项工具和命令，还能提升自己的审美能力。本书将成为你职业技能提升道路上的良师益友！

　　在本书编写的过程中，我们进行了很多创新及尝试，得到了北京华艺互动网络科技有限公司等企业的大力支持和河北软件职业技术学院广大学生的协助。由于编者水平有限，书中难免会存在不足之处，望各位专家及读者批评指正。

编　者

2024 年 8 月

各位读者在学习本书过程中如有问题请联系邮箱 liuqing@hbsi.edu.cn。

教材资源服务交流 QQ 群
（QQ 群号：684198104）

目 录

第一部分　项目任务实战
基础技能篇

项目 1　标志设计制作 ……………………………………………………………… 3
    任务 1.1　中国银行标志制作 …………………………………………………… 6
    任务 1.2　河北软件职业技术学院标志制作 …………………………………… 13
    任务 1.3　云纹类标志辅助图形设计制作 ……………………………………… 25
    任务 1.4　C 型龙类标志设计制作 ……………………………………………… 27
    技能训练　班级标志设计制作 …………………………………………………… 29

项目 2　图片处理 ……………………………………………………………………… 31
    任务 2.1　证件照处理 …………………………………………………………… 32
    任务 2.2　风景艺术照片处理 …………………………………………………… 39
    任务 2.3　静态艺术照片处理 …………………………………………………… 44
    任务 2.4　艺术照片处理 ………………………………………………………… 49
    技能训练　生活照处理 …………………………………………………………… 52

项目 3　卡片设计制作 ………………………………………………………………… 53
    任务 3.1　汉服吊牌设计制作 …………………………………………………… 57
    任务 3.2　西柏坡纪念馆参观纪念票设计制作 ………………………………… 64
    任务 3.3　茶艺师名片设计制作 ………………………………………………… 74
    任务 3.4　志愿者工牌设计制作 ………………………………………………… 76
    技能训练　校园明信片设计制作 ………………………………………………… 78

项目 4　招贴设计制作 ………………………………………………………………… 80
    任务 4.1　团结湖社区公益招贴设计制作 ……………………………………… 82
    任务 4.2　公益招贴设计制作 …………………………………………………… 87
    任务 4.3　地产招贴设计制作 …………………………………………………… 89

| 任务 4.4 | 文化招贴设计制作 | 91 |
| 技能训练 | 文创招贴设计制作 | 93 |

专业实训篇

项目 5　UI 设计制作 ······ 95
任务 5.1	传统春节主题图标设计制作	97
任务 5.2	音乐 App 播放界面设计制作	105
任务 5.3	祁连山扁平化图标设计制作	112
任务 5.4	党课学习主题 App 开屏界面设计制作	114
技能训练	写实时钟图标设计制作	116

项目 6　虚拟现实设计制作 ······ 117
任务 6.1	"360 度全景"虚拟现实设计实现	118
任务 6.2	"720 度全景"虚拟现实设计实现	128
任务 6.3	记录身边的美丽	141
任务 6.4	修改与展示 720 度全景图	142
技能训练	拍摄全景图	143

项目 7　网页设计制作 ······ 145
任务 7.1	红色旅游文化网站网页框架设计制作	147
任务 7.2	红色旅游文化网站网页设计制作	155
任务 7.3	役聘网站（帮助退伍大学生就业、创业）网页设计制作	164
任务 7.4	音乐网站网页设计制作	166
技能训练	个人主页设计制作	167

审美提高篇

项目 8　美的原创设计 ······ 168
任务 8.1	"把春天带进课堂"创意图片（情感校园）设计制作	169
任务 8.2	非遗文化"定瓷"创意纹饰（情感家乡）设计制作	175
任务 8.3	爱心环保牌（情感生活）设计制作	181
任务 8.4	母亲节感谢卡（情感家庭）设计制作	182
技能训练	疫情防控提示手册封面（情感社会）设计制作	184

第二部分　基础知识技能

第 1 章　Photoshop 的基础知识 ······ 187
| 1.1 | Photoshop 的界面布局 | 187 |
| 1.2 | 图像尺寸、分辨率 | 188 |

1.3 位图图像与矢量图形 ··· 189
1.4 常用颜色模式 ··· 190
1.5 图像文件基本操作 ··· 191
1.6 改变图像画布尺寸 ··· 191
1.7 颜色的设置方法 ·· 192
1.8 浏览图像 ··· 193
1.9 纠正错误操作 ··· 194

第 2 章 Photoshop 的选区与路径 ·· 195
2.1 Photoshop 制作选区 ·· 195
2.2 调整变换选区 ··· 197
2.3 钢笔路径 ··· 198
2.4 路径编辑 ··· 199
2.5 形状工具 ··· 201
2.6 使用形状工具填充与描边 ··· 202
2.7 路径运算 ··· 202
2.8 文字录入 ··· 203
2.9 文字编辑 ··· 204
2.10 艺术字 ·· 204

第 3 章 Photoshop 的图像调整 ··· 206
3.1 色彩调整的初级方法 ··· 206
3.2 色彩调整的中级方法 ··· 207
3.3 色彩调整的高级方法 ··· 208
3.4 画笔工具 ··· 209
3.5 渐变填充工具 ··· 210
3.6 橡皮擦工具 ·· 211
3.7 修复工具 ··· 211

第 4 章 Photoshop 的图层与通道 ·· 213
4.1 图层的基本操作 ·· 213
4.2 图层蒙版 ··· 214
4.3 剪贴蒙版 ··· 215
4.4 图层组及相关操作 ··· 216
4.5 对齐、分布选择或链接图层 ··· 216
4.6 图层样式详解 ··· 217
4.7 图层混合模式 ··· 218
4.8 变换图像 ··· 219

4.9　智能对象图层 ·· 220
4.10　通道基础知识 ·· 221
4.11　Alpha 通道 ·· 222

第 5 章　Photoshop 的高级智能工具 ··· 224

5.1　滤镜库 ··· 224
5.2　液化 ·· 225
5.3　模糊工具 ·· 225
5.4　智能滤镜 ·· 226
5.5　动作工具 ·· 226
5.6　批处理 ··· 227

第一部分　项目任务实战

基础技能篇

项目1 标志设计制作

扫一扫，看微课　　扫一扫，看微课

本项目的主要教学目的是通过学习与实操，使学生掌握图形制作的基础知识，如Photoshop界面布局、位图图像与矢量图形、图像文件基本操作、颜色的设置方法、纠正错误操作、钢笔路径、路径编辑、形状工具、形状路径填充与描边、路径运算工具等相关知识点。

本项目从标志设计制作入手，包含4个任务和1个技能训练，分别是任务1.1中国银行标志制作、任务1.2河北软件职业技术学院标志制作、任务1.3云纹类标志辅助图形设计制作、任务1.4 C型龙类标志设计制作和技能训练班级标志设计制作。在本项目中，我们不仅可以学到矢量图形的制作方法，理清标志设计制作的工作思路，还可以体会中国元素在现代社会中的运用，以及中国元素作为社会文化的重要组成部分的意义。

技能重点	（1）形状工具；（2）路径运算工具；（3）形状路径填充与描边；（4）位图图像与矢量图形；（5）钢笔路径；（6）路径编辑
技能难点	（1）形状工具；（2）路径工具
推荐教学方式	根据专业需要选择任务，任务1.1和1.2有详细步骤，任务1.1教师可详细示范，任务1.2建议教师指导学生完成；任务1.3和1.4提供了制作思路，建议教师通过分析制作步骤引导学生完成任务。需要注意的是，任务1.4加入了设计的内容，教师要做好讲解、引导，以提升学生的技术和审美的综合素养。技能训练是一个开放性的任务，可根据学情调整，培养学生熟练掌握软件的技能、提高审美能力、提高梳理工作方法的能力。需要注意的是，对于任务中的思政元素，教师应润物细无声地融入教学
建议课时	每个任务2课时，项目简介需融入任务中进行讲授。对于项目简介讲解的深度和时长，教师可以根据不同的专业需求进行调整
推荐学习方法	动手操作是学习Photoshop的重要手段，是岗位能力所要求的，而提高审美是时代、社会、岗位的要求。学生要通过教师的示范、引导，根据自身特点，从任务实操或从知识技能点入手，完成任务和技能训练，以提高技术能力和审美水平。技术方面勤练是关键，审美方面多看多体会更是重点，提倡学生用真情实感去感知标志设计作品

 项目简介

1. 标志设计制作项目简介

标志是一种用特殊文字或图形组成的传播符号,它具有视觉象征意义和特定的文化内涵,它是传达信息的载体或人与社会之间沟通的桥梁,有助于形象的树立与传播。用来说明或代表某个国家、机构、组织、团体、活动、会议、企业和个人的视觉符号和图形,都称为"标志",英文称为"Logo"。标志图形简洁鲜明,富有较强的感染力,可以突出企业(团体、组织)的个性和特征,并且具有一定的识别性。标志一旦确立,如有应用,为确保标志的统一规范,不得改变其图形,只能按比例大小缩放,以便建立标志应用的规范系统。

标志设计制作是一种设计工作,是商品、企业、网站等为自己的主题或者活动等设计标志的一种行为。在现代社会,积极、美观的标志设计所承载的社会理想、社会文明,已经逐渐融入我们的社会文化中,成为社会文化与风尚的重要组成部分。

2. 标志设计制作的原则

标志设计制作时根据其特征需要注意以下几个原则。

1)独特性

独特性是标志设计制作的基本要求,是区别于其他标志的关键所在。混淆的标志使人辨识不清,不易记忆,只有具备独特性的标志才会给人们带来视觉的冲击,才会具有强大的生命力。

2)易懂性

易懂性是为了使受众更好地理解标志想要传递的信息和方便受众记忆。同时,在设计时要做到雅俗共赏,能被受众所认可,要带给受众一种亲和感和轻松感,使受众对于标志的印象更为良好。河北软件职业技术学院的标志就具有很强的易懂性,该标志使用潘通国际色卡智慧蓝,色号为#0F4C81,代表自由与希望,寓意为活跃的学术氛围。圆形符合中国传统审美观念,表示圆满、周全、和谐等。正圆形总体图形和同心圆形结构体现学院师生团结一心、共创未来的精神面貌。圆形类似公章显得权威、严肃,体现规范、正统、权威。使用圆形校徽做成胸针等,使用起来更安全。"河北软件职业技术学院"及英文"HEBEI SOFTWARE INSTITUTE"的首字母"H""S""I"组成校徽的核心部分。"H"既代表着学院缩写,也代表着学院是学生与社会之间的一座可靠稳固的桥梁。"S"在此有两种含义,一是学院扬帆起航、乘风破浪、奋勇前行;二是学生走向成功之路。"1972"字样,体现办学历史。外圆上方为"河北软件职业技术学院"汉字字样,下方为英文字样,输出校徽的个性化识别信息。此标志通俗易懂地传递了河北软件职业技术学院的精神和理念,如图1-0-1所示。

图1-0-1 河北软件职业技术学院标志

3）审美性

标志还需具备很强的审美性。标志的艺术美感，是标志设计能否带给用户美的感受的关键所在。造型优美别致、简洁凝练的标志不仅能够增强标志在视觉传达过程中的识别性，还能增强人们对它的记忆。

3. 标志设计制作的表现形式

按标志的表现形式分类，标志可分为文字标志、图形标志、图文组合标志。

（1）文字标志：文字标志可以用中文、外文或汉语拼音的单词构成，也可由汉语拼音或外文单词的首字母组合而成。

（2）图形标志：图形标志是通过几何图案或象形图案来表示的标志。图形标志又可分为三种，即具象图形标志、抽象图形标志及具象抽象相结合的标志。

（3）图文组合标志：图文组合标志集中了文字标志和图形标志的特点，可呈现出更多的灵活多样的形式，图文组合标志如图1-0-2所示。

图1-0-2　图文组合标志

4. 标志设计制作的色彩应用

标志色彩的应用对于标志传播和记忆起到非常重要的作用。标志色彩的选择应当根据企业性质或者产品特点，并结合企业自身发展的需要进行分析和构思。

5. 标志设计制作的流程

在进行设计工作时，有条理的任务分析可以帮助大家准确、快速地完成设计任务。需要注意的是，标志设计制作的流程并不是绝对的，大家要灵活掌握。

要准确、快速地完成标志设计，可遵循以下几个流程：任务确定、调研讨论、起草草图、标准制图、方案确定。

1）任务确定

标志设计制作项目首先要明确的是设计任务，也就是标志设计制作的要求。例如，客户要求设计制作一个国风服装品牌的标志。

2）调研讨论

明确设计任务后，要对企业进行全面深入的调研，内容包括：经营战略、市场分析、企业意愿，以及竞争对手的情况。根据调研结果，通过头脑风暴等设计方法对项目的色彩、形式及定位等要素做好充分的论证，为下一步工作打好基础。

3）起草草图

依据调查和论证结果的分析，提炼出标志的结构类型、色彩取向，列出标志所要体现的精神和特点，挖掘相关的图形元素，明确标志设计的方向，将结果转化成视觉的草图。

4）标准制图

根据草图，通过图形图像处理软件进行标志的标准制图，得到矢量格式的文件。在标准制图的过程中可以修正草图中的不足，也可增加一些新的设计灵感。标志的标准制图应尽量用矢量工具制作，这样可以在应用中任意改变其大小而不会失真。

5）方案确定

得到满意的标志设计制作的矢量文件后，就可将标志方案提交给客户。通过与客户的沟通、论证、反馈、完善等环节，直到方案得到最终的确认，即可进入应用推广阶段。

任务 1.1　中国银行标志制作

 **任务描述**

小思是一个勤于思考、热爱图形图像设计制作的年轻人，想通过系统的学习和实践，提高自己的职业能力。小思了解到，Photoshop 软件在图形图像设计制作工作中应用得非常多，但他不知从哪里下手。考虑到这种情况，小思可以从简单的图形绘制入手，最好结合标志设计制作技能。基于此，编者为小思设计了制作中国银行标志的任务，通过此练习可以有效掌握矢量图形命令的使用方法和技巧，能提高对中国古币、中国色彩、中国视觉元素的审美，能促进对民族金融企业的认识，从而提高民族自豪感。中国银行的标志如图 1-1-1 所示。

图 1-1-1　中国银行的标志

项目 1　标志设计制作

 任务分析

本任务将按照标志制作的基本思路,以标志的标准制图环节为核心进行操作展示。

序号	关键步骤	注意事项(技术+审美)
1	安装并启动 Photoshop	掌握安装和启动 Photoshop 的方法
2	新建文件	掌握文件大小、分辨率、颜色模式的原理和设置方法
3	制作中国银行标志	(1)技术方面:用形状工具绘制中国银行标志;熟练掌握形状工具的使用并准确制作中国银行标志。 (2)审美方面:体会中国银行标志的比例关系、圆角处理及颜色搭配设置
4	保存标志图形	掌握自定义图形设置的方法
5	保存文件	掌握保存文件的方法

 任务实施

在做此任务前我们先简单了解一下 Photoshop 的工作界面。

(1)Photoshop 工作界面主要由工作区、菜单栏、工具面板(也叫工具箱)、选项栏、状态栏、文档窗口选项卡和各种面板等组成,如图 1-1-2 所示。

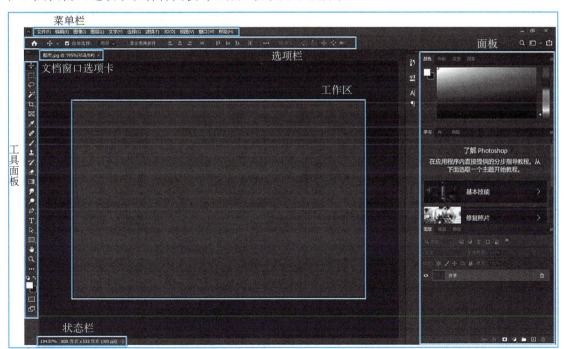

图 1-1-2　Photoshop 工作界面

(2)工具面板中的工具可用来选择、查看图像,绘画及编辑图像,如图 1-1-3 所示。工具面板内的大部分工具图标的右下角,都有一个小黑三角,这表示在工具上存在一个工具组,右击该小黑三角即可看到该工具组的其他选项。

7

1-1-3 工具面板

（3）工具属性栏的使用。用户在工具面板中选择工具后，在选项栏中会显示该工具的参数和属性，以方便用户使用工具编辑图片，例如，"画笔工具" 属性栏如图1-1-4所示。

图1-1-4 "画笔工具"属性栏

（4）面板操作。Photoshop 共有14个面板，面板具有隐藏、显示、伸缩、拆分、组合功能。可通过在菜单栏中单击"窗口"→"显示"命令来显示面板。用户可以根据自己的习惯进行面板的整理。

①按Shift+Tab组合键，可隐藏控制面板，保留工具箱。
②按Tab键，可自动隐藏命令属性栏、工具箱和面板，再次按Tab键，显示以上组件。
（5）图像文件基本操作，打开文件的4种方法如下。
①在菜单栏中单击"文件"→"打开"命令。
②双击工作区空白处，可开启"打开"对话框。
③按Ctrl+O组合键。
④选择图片，将其拖动到Photoshop工作区中。
（6）退出Photoshop工作界面，单击工作界面中的关闭按钮，或者单击"文件"→"退出"命令。

了解完Photoshop的工作界面、图像文件基本操作后，开始制作中国银行的标志。中国银行的标志是由几个简单形状组成的，包括两个圆形、两个矩形和两个圆角矩形，如图1-1-1所示。

步骤1： 在Windows系统中单击"开始"→"所有程序"→"Photoshop"命令，或双击Photoshop桌面快捷方式图标，启动Photoshop，进入Photoshop工作界面。

项目 1　标志设计制作

步骤 2：在菜单栏中单击"文件"→"新建"命令，调出"新建文档"对话框，将文件命名为"中国银行"。设置背景色为白色，宽度为 1000 像素，高度为 1000 像素，分辨率为 72 像素/英寸，单击"创建"按钮，如图 1-1-5 所示。

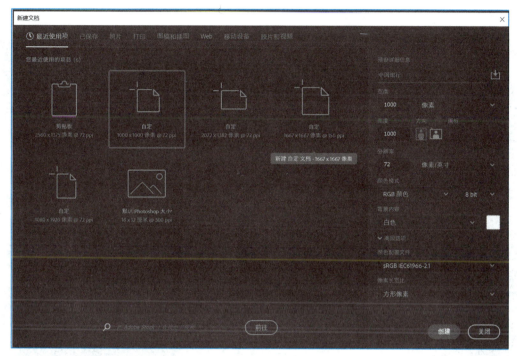

图 1-1-5　"新建文档"对话框

步骤 3：单击"图层"面板底部的"创建新图层"按钮，完成"图层 1"的创建。

步骤 4：在工具面板中选择"椭圆工具"，在选项栏中设置"选择工具模式"为"形状"模式，按住 Shift 键，同时拖动鼠标绘制正圆形。

步骤 5：在选项栏中单击"填充"按钮设置形状填充类型，调出"拾色器（前景色）"对话框，设置 RGB 数值为（180，0，42），单击"确定"按钮，如图 1-1-6 所示。

图 1-1-6　"拾色器（前景色）"对话框

9

步骤 6：单击选项栏中的"排除重叠形状" ![按钮] 按钮，在刚绘制的圆形上，继续绘制圆形（注意配合 Shift 键绘制正圆形），得到圆环。选择内圆，按 Ctrl+T 组合键（或单击菜单栏上的"编辑"→"自由变换路径"命令）调整圆形的大小和位置，最终得到满意的圆环，如图 1-1-7 所示。

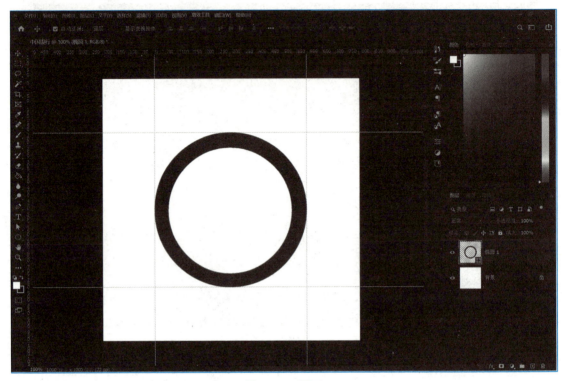

图 1-1-7　圆环

步骤 7：单击"图层"面板底部的"创建新图层"按钮，创建"图层 2"。选择工具面板中的"圆角矩形工具" ![图标]，在"圆角矩形工具"属性栏中设置半径为"30 像素"，如图 1-1-8 所示。绘制圆角矩形，注意控制圆角矩形的比例，将颜色填充为红色 RGB（182，0，42），效果如图 1-1-9 所示。

图 1-1-8　"圆角矩形工具"属性栏

图 1-1-9　加入圆角矩形的图形

步骤 8：单击选项栏中的"排除重叠形状"按钮，在刚绘制的圆角矩形上，拖动鼠标绘制并调整里面的圆角矩形的大小和位置，最终得到满意的圆角矩形，如图 1-1-10 所示。

步骤9：在圆角矩形上方的合适位置绘制矩形，并复制该"矩形"到圆角矩形的下方，如图 1-1-11 所示。

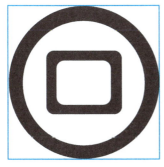

图 1-1-10　合并图形　　　　　　　　　图 1-1-11　加入矩形的图形

步骤10：中国银行标志绘制完毕后，选中所有绘制的图层合并形状，从"编辑"菜单中选择"定义自定形状"命令，进行自定义形状，即可保存成功，效果如图 1-1-12 所示。

图 1-1-12　效果图

步骤11：在菜单栏中单击"文件"→"存储"命令或按 Ctrl+S 组合键，保存文件。

小提示　请注意，如果直接把在 Photoshop 中完成的点阵式图保存下来，大多是无用的，因为点阵式图并不能适合不同的分辨率，不能保证标志被放大或缩小时不失真。最好的方法就是将标志的路径保存，或者将标志自定义为形状，使用起来更便利。

 **任务小结**

在本任务中，我们学习了 Photoshop 基础操作、Photoshop 工作界面、位图图像与矢量图形、图像文件基本操作、颜色的设置方法、形状工具等。

任务 1.2 河北软件职业技术学院标志制作

任务描述

小思掌握了 Photoshop 的基本操作和矢量后，发现复杂的曲线轮廓无法用形状工具实现，根据这种情况，小思需要进一步学习路径工具的使用。本任务为制作河北软件职业技术学院的标志和字体组合，从中我们不仅可以学到路径工具的使用方法，还可以体会中国元素的运用技巧和积极向上的进取精神。河北软件职业技术学院的标志如图 1-2-1 所示。

图 1-2-1 河北软件职业技术学院的标志

任务分析

本任务将使用路径工具、形状工具、选区转路径方式等命令，按照标志设计制作的基本思路，以标志的绘制方法为核心进行操作展示。

序号	关键步骤	注意事项（技术+审美）
1	打开 Photoshop	双击鼠标左键打开 Photoshop
2	新建文件	掌握新建文件画布大小、分辨率、颜色模式、背景内容的设置方法
3	置入素材	调整素材大小
4	用钢笔工具勾出蓝色标志	（1）技术方面：准确运用钢笔工具描绘河北软件职业技术学院标志的轮廓，注意路径图形要闭合，锚点数量要优化。 （2）审美方面：曲线绘制要准确且优美
5	用形状工具制作英文字母	（1）技术方面：准确运用形状工具绘制英文字母，要注意形状的删减和合并。 （2）审美方面：注意英文字母的比例、微妙的倾斜角度
6	用选区转路径方式制作汉字	（1）技术方面：运用选区转路径方式制作汉字，选区转路径后使用直接选择工具调整汉字轮廓。 （2）审美方面：曲线绘制要体现中国书法的精神
7	保存文件	注意文件的名称，留意文件保存位置

任务实施

步骤 1： 启动 Photoshop，按 Ctrl+N 组合键新建文件，或者在菜单栏中单击"文件"→"新建"命令，在弹出的"新建文档"对话框中设置名称为"河北软件职业技术学院"，宽度×高度为 1667 像素×1667 像素，"分辨率"为"150 像素/英寸"，"颜色模式"为"RGB 颜色"，"背景内容"为"白色"，单击"创建"按钮，完成文件的新建，如图 1-2-2 所示。

步骤 2： 明确河北软件职业技术学院标志图片素材在计算机中的存放位置，在菜单栏中单击"文件"→"置入"命令，导入河北软件职业技术学院标志图片素材。

步骤 3： 单击"图层"面板中的"创建新图层"按钮，如图 1-2-3 所示，创建一个新图层，命名为"图层 1"。

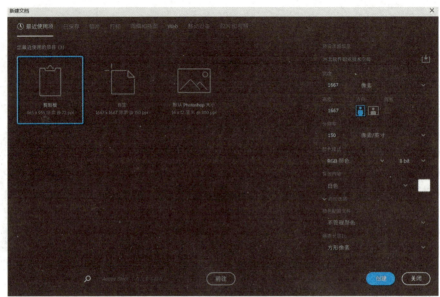

图 1-2-2 "新建"对话框

图 1-2-3 "创建新图层"按钮

步骤 4：单击工具面板中的"钢笔工具" ，如图 1-2-4（a）所示，使用钢笔工具勾勒出所要绘制标志中间"S"的轮廓。然后按 Ctrl+Enter 组合键将所勾勒的路径转为选区，回到"图层 1"中，单击工具面板中的"前后景色" 按钮，在弹出的"拾色器（前景色）"对话框中，修改 RGB 为（15，76，129），按 Alt+Delete 组合键进行填充，如图 1-2-4（b）所示。绘制的"S"图形部分轮廓如图 1-2-5 所示。

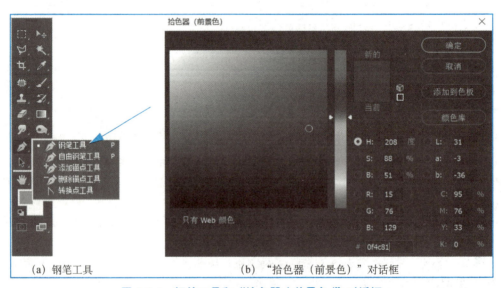

(a) 钢笔工具　　　　　　　　　　(b) "拾色器（前景色）"对话框

图 1-2-4 钢笔工具和"拾色器（前景色）"对话框

项目 1　标志设计制作

图 1-2-5　绘制的"S"图形部分轮廓

步骤 5：按照处理"S"图形部分轮廓的方法，将剩余轮廓使用钢笔工具勾勒出来，进行选区和颜色填充，得到图 1-2-6。完成后进行保存操作，以防丢失。

图 1-2-6　"H"和"S"图形轮廓

步骤 6：使用"矩形工具"　　制作英文字体（以字母"R"为例）。选择矩形工具绘制字母"R"左边竖线部分，绘制完成后利用"直接选择工具"　选择相应锚点进行相应的调整。可以利用不透明度和不同颜色区分的方法，来辅助调整准确的轮廓。矩形工具如图 1-2-7 所示。

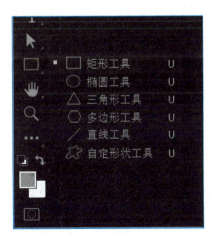

图 1-2-7　矩形工具

步骤 7：使用"圆角矩形工具"　继续对字母"R"进行绘制，将圆角矩形半径调整为 15 像素，如图 1-2-8 所示。

15

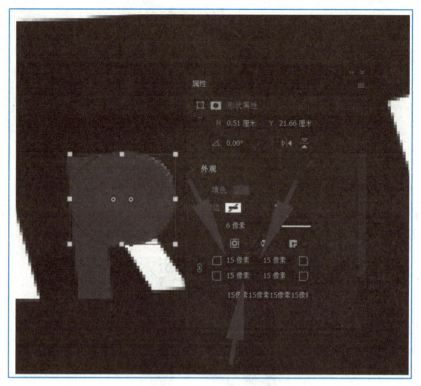

图 1-2-8 圆角矩形工具

步骤 8：使用"直接选择工具",选择绘制的圆角矩形最左侧的锚点,按 Delete 键将锚点删除,如图 1-2-9 所示。将修改过的圆角矩形所在图层不透明度设置为 60%,露出参考素材;按 Ctrl+T 组合键调出自由变换命令,将其调整为与导入的河北软件职业技术学院标志素材图片一致,如图 1-2-10 所示。

图 1-2-9 调整圆角矩形

项目 1　标志设计制作

图 1-2-10　调整圆角矩形所在图层不透明度

步骤 9：复制"圆角矩形 1"图层，按 Ctrl+T 组合键对复制的圆角矩形进行缩放、调整，得到字母"R"内部的图形，如图 1-2-11 所示。

图 1-2-11　字母"R"内部图形

步骤 10：将"圆角矩形 1"图层和"圆角矩形 1 拷贝"图层调整到合适的位置。选择"圆角矩形 1"图层，按 Shift 键加选"圆角矩形 1 拷贝"图层，再在菜单栏中单击"图层"→"合并形状"→"减去重叠处形状"命令进行形状删减，如图 1-2-12 所示。

步骤 11：将图层不透明度调回 100%，继续利用矩形工具对字母"R"进行绘制并调整，如图 1-2-13 所示。

17

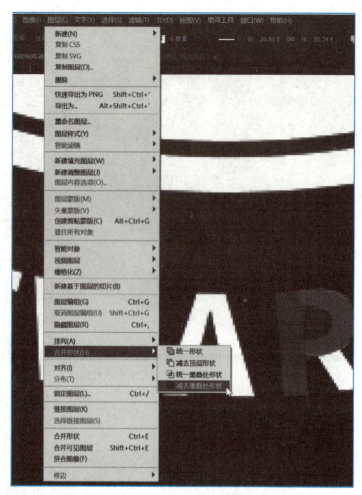

图 1-2-12 "减去重叠处形状"命令

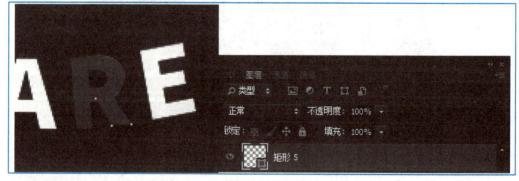

图 1-2-13 绘制形状

步骤 12：调整完毕后，对字母"R"进行整体合并处理。同时选中字母"R"的所有图层，右击，在弹出的快捷菜单中选择"合并形状"命令，将颜色改为白色，如图 1-2-14 所示。

步骤 13：继续利用矩形工具、圆角矩形工具参考以上步骤做出其余字母的形状，英文字母最终效果如图 1-2-15 所示。

项目1 标志设计制作

图1-2-14 合并形状

图1-2-15 英文字母最终效果

将每个字母的图层进行合并,得到所有字母合并的图层。

步骤14:选中所有字母合并后的图层,在菜单栏中单击"编辑"→"自定义形状"命令

（进行自定义形状），保存以后即可直接选择自定义的形状工具，选中"HEBEI SOFTWARE INSTITUTE"就可随时调用。在菜单栏中单击"另存"→"保存"命令，以防丢失。

步骤 15：进行汉字"河北软件职业技术学院"的路径绘制，此处以"河"为例。使用工具栏中的"魔棒工具"单击"河"，得到"河"字的选区，选区如果不全，可以按住 Shift 键进行选区的加选，如图 1-2-16 所示。在 Phtotshop 工作界面中右击，在弹出的快捷菜单中选择"建立工作路径"命令，弹出"建立工作路径"对话框，设置"容差"为"1.0"像素，将选区转换为路径，如图 1-2-17 所示。"河"字的路径如图 1-2-18 所示。

图 1-2-16　"河"字的选区

图 1-2-17　容差值

图 1-2-18　"河"字的路径

步骤16：使用工具栏中的"直接选择工具" 和"转换锚点工具" ，对不合适的锚点进行调整，得到准确的"河"字路径，打开路径图层，更改图层名称为"河"，如图1-2-19所示。

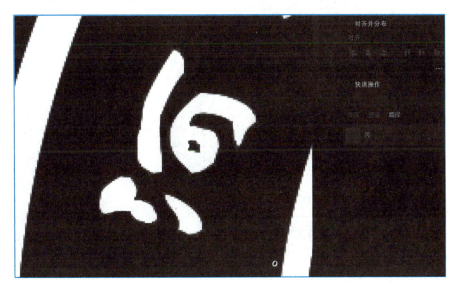

图1-2-19 "河"字路径图层

步骤17：对剩余的汉字按照汉字"河"的制作方法进行绘制，分别形成每个字单独的路径图层。新建路径图层，命名为"河北软件职业技术学院路径"。分别单击已绘制好的每个字的路径图层，使用复制、粘贴的方法将所有汉字汇集到"河北软件职业技术学院路径"图层中。最终效果如图1-2-20所示。

图1-2-20 "河北软件职业技术学院路径"图层

步骤18：按住Ctrl键，单击"河北软件职业技术学院路径"面板的缩略图，得到汉字的选区。单击"图层"面板，新建图层。再单击工具栏中的"油漆桶工具" ，对"河北软件职业技术学院"选区进行白色填充。按Ctrl+D组合键，取消选区，效果如图1-2-21所示。

图 1-2-21　效果图

步骤 19：参照步骤 4 的方法，新建图层，使用钢笔工具勾勒出"1972"的轮廓，填充颜色为蓝色，如图 1-2-22 所示。

图 1-2-22　"1972"图形

步骤 20：新建图层，使用钢笔工具勾勒出同心圆中左边的线条，填充颜色为白色，如图 1-2-23 所示。再复制该图层，在菜单栏中单击"编辑"→"变换路径"→"水平翻转"命令，如图 1-2-24 所示，将线条移动到右边，调整到合适位置，效果如图 1-2-25 所示。

图 1-2-23　左边的线条

图 1-2-24　"水平翻转"命令

步骤 21：在菜单栏中单击"文件"→"存储"命令或按 Ctrl+S 组合键，保存文件。

图 1-2-25　效果图

任务小结

在本任务制作过程中，除 Photoshop 的基础操作外，我们还用到了以下知识技能点：钢笔路径、路径编辑等。

项目 1　标志设计制作

任务 1.3　云纹类标志辅助图形设计制作

任务描述

小思掌握了标志的绘制方法，但是他发现，在生活和工作中经常会看到一些企业除了有好看的标志，还辅以轮廓清晰的底纹图案，他也想学习制作的方法。其实，在标志设计体系中，为了使得标志效果更丰富，往往还会给标志配以辅助图形。本任务将使用 Photoshop 的矢量工具，绘制中国云纹。

本任务将使用钢笔工具及相关工具准确描绘出中国云纹，应用于底纹图案。本任务要求制作出美观、简洁、大方的云纹图案，要体现中国传统纹样的美感，形成有效的装饰图案或底纹纹样，体现出中国文化的理念。本任务会激发学生对中国传统纹样的学习热情和民族自豪感。中国云纹如图 1-3-1 所示。

图 1-3-1　中国云纹

任务分析

序号	关键步骤	注意事项（技术+审美）
1	新建文件	熟练掌握新建文件方法，探索使用多种方法新建文件，如按 Ctrl+N 组合键，或在菜单栏中单击"新建"命令
2	置入云纹素材	（1）技术方面：单击菜单栏中的"置入"命令，置入云纹素材。 （2）审美方面：调整云纹素材的大小、比例、构图位置
3	使用钢笔工具描绘云纹	（1）技术方面：使用钢笔工具描绘中国云纹的轮廓。 （2）审美方面：体会中国云纹的美感
4	调整细节	（1）技术方面：熟练掌握添加锚点、删除锚点、转换锚点工具，使用添加锚点、删除锚点、转换锚点工具调整云纹的细节。 （2）审美方面：细节处理是否顺滑、细腻，过渡是否自然、柔和
5	将云纹自定义形状	使用自定义形状命令完整、准确地保存云纹路径轮廓
6	保存文件	熟练掌握保存文件的方法，探索使用多种方法保存文件，如按 Ctrl+S 组合键或在菜单栏单击"保存"命令，以及按 Ctrl+Shift+S 组合键或在菜单栏单击"存储为"命令。注意准确命名文件和设置文件保存的位置

小提示　注意养成准确命名文件的习惯，以及良好的管理文件的习惯。

任务实施（请写出制图步骤）

任务小结（请写出你所用到的命令和制作体验）

任务 1.4 C 型龙类标志设计制作

任务描述

小思不仅学会了标志的制作方法，还学会了绘制精美的底纹图案，他想如果能做出属于自己的标志该多好呀！本任务首先使用钢笔工具绘制出 C 型龙（中华第一玉龙）的轮廓，然后对轮廓进行大胆地创新改变，最终做出一个原创性的标志。本任务要求以 C 型龙为创意点展开标志设计，要富有艺术性，能够体现出深厚的中国文化。

建议使用钢笔工具、路径编辑工具、形状工具、路径运算工具、颜色设置等相关技能，描绘出 C 型龙的边缘轮廓，并在此基础上进行创新性的设计，素材及参考设计图例如图 1-4-1 所示。

图 1-4-1 C 型龙素材及参考设计图例

任务分析

序号	关键步骤	注意事项（技术+审美）
1	打开 C 型龙文件	熟练掌握打开文件的多种方法，如按 Ctrl+O 组合键，或在菜单栏中单击"打开"命令，或在 Photoshop 工作界面空白灰色区域双击
2	使用钢笔工具描绘 C 型龙的轮廓	（1）技术方面：使用钢笔工具准确描绘 C 型龙的轮廓，注意路径图形要闭合。 （2）审美方面：C 型龙的整体造型、比例完美，轮廓饱满等
3	调整 C 型龙细节	（1）技术方面：熟练使用添加锚点、删除锚点、转换锚点工具调整 C 型龙的细节。 （2）审美方面：轮廓细节处理是否准确，是否能体现出 C 型龙的厚重感
4	将 C 型龙自定义形状	熟练使用自定义形状命令完整、准确地保存云纹路径轮廓
5	在 C 型龙形状基础上进行创新	（1）技术方面：熟练使用添加锚点、删除锚点、转换锚点工具调整 C 型龙的轮廓。 （2）审美方面：大胆地进行创新，改变原有 C 型龙的朝向、比例、颜色等，创新标志，但要注意体现出 C 型龙的文化内涵
6	保存文件	熟练掌握保存文件的多种方法

任务实施（请写出制图步骤）

任务小结（请写出你所用到的命令和制作体验）

技能训练　班级标志设计制作

 **任务描述**

小思学会了标志设计制作的方法,正好班里正在征集班级标志,他想一展身手。本任务是为所在班级设计制作一个标志,要体现出班级团结进取、积极向上的班风和理念,能够激发学生对班集体的热爱之情。本任务要求设计作品简洁大方、色彩合理,具备独特性、易懂性、审美性。可以运用颜色设置、钢笔工具、路径编辑工具、形状工具、形状路径填充与描边、路径运算工具等进行制作。

请先做任务分析,梳理出设计制作班级标志的思路,将关键步骤和注意事项填入表格中,填写时要注意从技术和审美这两个角度进行描述;然后简要写出任务实施的具体步骤;最后对本任务进行总结,并写出心得体会。

任务分析

序号	关键步骤	注意事项（技术+审美）
1		
2		
3		
4		
5		
6		

任务实施（请写出制图步骤）

◎ 任务小结（请写出你所用到的命令和制作体验）

项目 2　图片处理

扫一扫，看微课　　扫一扫，看微课

教学目的及要求

　　Photoshop 是图像处理软件，可以对已有的位图图像进行编辑加工和特殊效果处理。本项目的主要教学目的是通过对日常的位图图像进行处理，使学生掌握位图图像处理的基本知识。

　　本项目从照片处理入手，包含 4 个任务和 1 个技能训练，分别是任务 2.1 证件照处理、任务 2.2 风景艺术照片处理、任务 2.3 静态艺术照片处理、任务 2.4 艺术照片处理和技能训练生活照处理。从本项目中，我们不仅可以学到位图图像的制作方法，还可以增强我们对生活美好瞬间的捕捉能力，感知图像在生活中各方面的运用。

教学导航

技能重点	（1）照片尺寸修改、背景更换；（2）美化处理；（3）艺术加工；（4）照片修复；（5）色彩处理
技能难点	（1）艺术加工；（2）色彩处理
推荐教学方式	任务 2.1 和 2.2 有详细步骤，任务 2.1 教师可详细示范；任务 2.2 教师可指导学生完成；任务 2.3 和 2.4 提供了制图思路，教师可通过对制图步骤的分析引导学生完成任务，需要注意的是，4 个任务都加入了审美的内容，教师要做好讲解、引导，来提升学生技术和审美的综合素养；技能训练是一个开放性的任务，可根据学情调整，培养学生熟练掌握软件的技能、提高审美能力
建议课时	每个任务 2 课时，项目简介教师可根据所教学专业需求增加或减少讲解内容，建议融入任务中讲解
推荐学习方法	学生要通过教师的示范、引导，根据自身特点，可从任务实操入手，也可从知识技能点入手，以掌握软件的技能

项目简介

1. 照片处理与制作简介

　　照片凝固了人们生活中的一个个瞬间，记录着每一段历程，它记载着丰富的信息。如何编辑图像效果是照片处理的首要任务，而 Photoshop 提供了强大的数码照片修复、美化处理功能。

2. 照片的分类特点

根据不同表现形式和应用范围，照片大体上可分为 7 类，即①证件照：各种证件上用来证明身份的照片。证件照要求是免冠（不戴帽子）正面照，照片上正常应该能看到人的两耳轮廓和相当于男士的喉结处的地方，背景色多为红、蓝、白三种，尺寸大小多为一寸或二寸；②社会生活照片：反映生活百态的照片；③社会纪实照片：真实反映具有实效性的人或事的照片；④自然景观照片：包括山川、河流、湖泊、海洋、岛屿、沙漠、草原、森林等；⑤人文景观照片：城市鸟瞰、城市夜景、喷泉、雕塑等人造景观；⑥文化娱乐照片：民间文化、民间艺术、手工艺等；⑦艺术写真。

3. 照片处理的要素

（1）主题要素：整个画面的核心要素突出、明确，它并不一定是孤立存在的，可以是一个，也可以是一组，需要利用各种手段来突出。

（2）色彩性格要素：不同的色彩倾向和颜色组合会为照片赋予不同的"性格"。例如，红色代表热情、活泼、兴奋、热血、火焰、忠诚、希望、幸福等；橙色代表温暖、火焰、灯光、暖阳、活泼、华丽、辉煌、甜蜜、愉快、幸福等；黄色代表活泼、希望、阳光、健康、轻快、明亮、耀眼等；绿色代表生命、青春、和平、温顺、安详、新鲜等；蓝色代表冷漠、现代、科技等；紫色代表高贵、奢华、宇宙等；白色代表干净、纯洁、素雅、恬静、舒适等；黑色代表深沉、严肃、深邃、专业、沉默等；灰色代表朴素、大方、融合、细致、稳定、含蓄、低调等。

这些主要色彩的"性格"信息可以帮助我们为照片调色提供参考，当我们需要为照片赋予一种"性格"的时候，色彩就会发挥作用，让原本蕴含的东西更加淋漓尽致地表现出来。

（3）构图要素：为了表现作品的主题思想和美感效果，在一定的空间内，安排和处理人、物的关系和位置，将个别或局部的形象组成艺术的整体，这在中国传统绘画中称为"章法"或"布局"。

任务 2.1 证件照处理

 **任务描述**

随着数字时代的到来，数码照片在我们的日常生活中已非常普遍。小刘同学即将成为大二学生，要报考全国计算机等级考试，想用 Photoshop 把一张手机拍摄的普通照片变成一张符合要求的证件照。这看似简单，但其中有许多诀窍，如背景处理、光照设置、排版布局等，每一个操作步骤都有其中的技巧。

 **任务分析**

本任务素材是一张用手机拍摄的普通照片，根据证件照的尺寸、背景要求，以及照片采集人的意愿进行照片美化，最后完成整版照片的编辑排版要求。我们通过如下步骤来完成利用 Photoshop 处理证件照的任务。

序号	关键步骤	注意事项（技术+审美）
1	裁剪图像	（1）技术方面：根据证件照尺寸要求使用裁剪工具，确保证件照尺寸精确符合要求； （2）审美方面：裁剪时保持人物面部居中，避免裁剪掉重要特征
2	更换背景	根据证件照背景要求使用磁性套索工具（或者快速选择工具）进行背景编辑，为替换背景颜色做准备
3	照片磨皮	（1）技术方面：对照片图层根据实际要求单击"滤镜"→"模糊"→"高斯模糊"命令，细腻处理人物皮肤； （2）审美方面：保持皮肤自然质感，避免过度模糊导致失真
4	光线处理	（1）技术方面：对照片单击"滤镜"→"渲染"→"光照效果"命令，实现统一环境色； （2）审美方面：确保光线自然，避免过曝或阴影过重，使照片看起来专业
5	照片留边方法	（1）技术方面：将背景色调成白色，选择菜单选项改变画布大小； （2）审美方面：保持照片与边框比例协调，符合证件照规范
6	版式拼接合成	（1）技术方面：按照实际尺寸单击"编辑"→"定义图案"命令进行版式拼接和合成； （2）审美方面：确保整体版式整洁，符合证件照审美要求

任务实施

步骤1：裁剪图像。

在Photoshop中打开素材图片，在工具面板中选择"裁剪工具"，在"裁剪工具"属性栏中设置"宽""高""分辨率"分别为"2.5厘米""3.5厘米""300像素/英寸"，之后在素材图片上直接拉出要裁剪的范围并调整，然后双击裁剪区域或单击"裁剪工具"属性栏中的☑按钮完成裁剪操作，如图2-1-1所示。

图2-1-1 裁剪图像

步骤 2：更换背景。

首先复制一个背景层，并利用"魔棒工具" （或者快速选择工具、磁性套索工具）将人物选取后，按 Ctrl+Shift+I 组合键（反选）选择背景，在"选择"下拉菜单中单击"调整边缘"命令或者按 Ctrl+Alt+R 组合键调出"调整边缘"对话框，将调整边缘中羽化值设置为"1 像素"，设置前景色 RGB 参数为 R（67）G（142）B（219），进行前景色为蓝色的填充，如图 2-1-2 所示。可以看到有的边缘部分留有一些较生硬的残边，可以运用"画笔工具" ，选择一个柔和的笔头小心涂抹，即可做到很自然地过渡。

单击"图层"面板中的"创建新的填充或调整图层" 按钮，对所选区域添加色彩平衡。在色彩平衡属性面板中设置色调高光参数值如图 2-1-3 所示，中间调参数值如图 2-1-4 所示，阴影参数值如图 2-1-5 所示。

图 2-1-2　"调整边缘"对话框

图 2-1-3　色调高光参数值

步骤 3：照片磨皮。

要消除人物面部的斑点及细纹，可采用高斯模糊的方法。首先在需要处理的照片上按 Ctrl+J 组合键复制背景图层。然后，在新建的图层上单击"滤镜"→"模糊"→"高斯模糊"命令，设置高斯模糊的半径为 7.5。半径值可以根据自己的情况调节，数值越大，模糊程度越大。经过模糊处理之后，需要为该图层添加蒙版，按住 Alt 键的同时，单击"图层"面板底部的"添加图层蒙版" 按钮，为图层添加黑色蒙版。添加黑色蒙版的目的是将图层隐藏起来，图像会更加清晰。

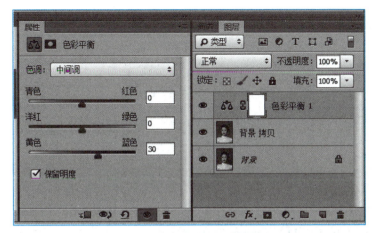

图 2-1-4　色调中间调参数值

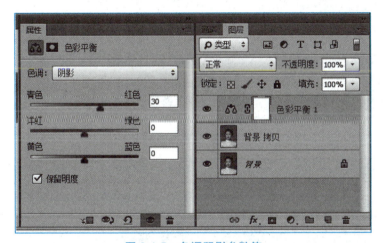

图 2-1-5　色调阴影参数值

添加完黑色蒙版后,我们可以给人像做"美肤"处理。选择"画笔工具",画笔大小可以根据画面大小选择,画笔颜色选择白色,不透明度可设置为30%～40%,此时效果最佳,力度较小更容易进行操作。在黑色蒙版上对需要磨皮的地方进行涂抹,涂抹时一定要细致,可以在有雀斑的地方多涂抹几次,直到完全消除为止。需要注意的是,不可以在人像的轮廓处进行涂抹,此操作会使整个画面模糊。

步骤4:光线处理。

一般处理证件照时,也需要对亮度进行调整,使用光照滤镜比直接调整亮度效果更佳。在菜单栏中单击"滤镜"→"渲染"→"光照效果"命令,在"光照效果"面板中设定光源位置并设置相关参数,如图 2-1-6 所示。

步骤5:给照片留边。

一般证件照在处理时需要留有一定的白边,方便后期裁剪。有一部分用户喜欢用裁剪工具靠感觉来留边,这样的做法是不严谨的,科学的方法为:先将背景色调成白色,单击"图像"菜单下的"画布大小"命令,将新建画布大小参数设置为 3.2 厘米×4.3 厘米,以中心点定位,将"画布扩展颜色"设置为"白色",然后单击"确定"按钮,即可得到均匀的白边,如图 2-1-7 所示。

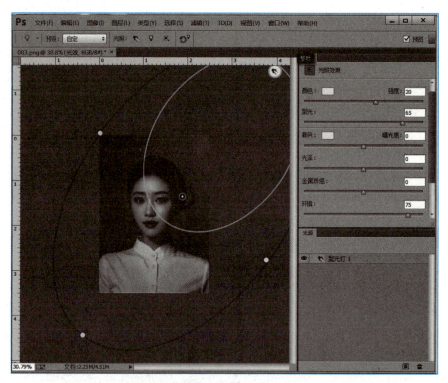

图 2-1-6　光线处理

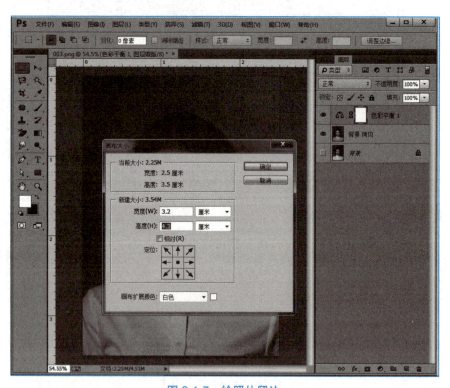

图 2-1-7　给照片留边

步骤 6：版式拼接合成。

在菜单栏中单击"编辑"→"定义图案"命令,在打开的对话框中给做好的证件照定义图案名称,如图 2-1-8 所示。然后新建宽度为 12.7 厘米、高度为 8.9 厘米、分辨率为 300 像素/英寸的白色文档。单击"图像"菜单下的"填充"命令或按 Shift+F5 组合键,打开"填充"对话框,选择刚才定义的图案,单击"确定"按钮,如图 2-1-9 所示。最终完成效果如图 2-1-10 所示。

图 2-1-8　定义图案名称

图 2-1-9　图案填充

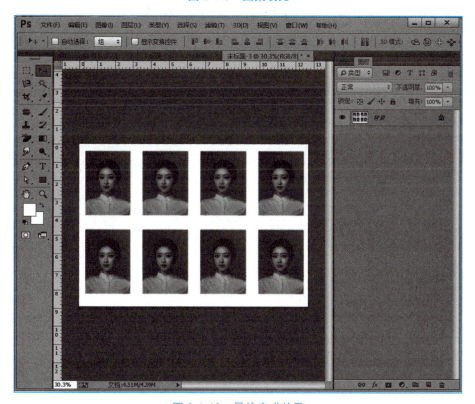

图 2-1-10　最终完成效果

任务小结

（1）我国相片尺寸通常情况下使用的 1in≈2.54cm，因此实际照片制作时将 1 寸照片尺寸设置为 2.5cm×3.5cm，2 寸照片设置为 3.5cm×4.5cm，一般普通照片都是 5 寸的，规格是 12.7cm×8.9cm。

（2）如果要对多张证件照进行处理，可以采用批处理操作。

步骤 1：在开始处理证件照之前先把所有待处理的照片保存到一个文件夹里，然后打开 Photoshop，单击"窗口"→"动作"命令或按 Alt+F9 组合键进行操作。

步骤 2：在打开的"动作"面板中单击右下方"创建新组" 按钮。

步骤 3：单击"创建新动作" 按钮，出现"创建新动作"对话框。

步骤 4：单击"记录" 按钮，创建组的开始记录变为红色即为正在记录。

步骤 5：对证件照进行排版操作，操作完毕之后单击"停止播放" /"记录"按钮停止记录，再单击"文件"→"自动"→"批处理"命令，显示"批处理"对话框。

步骤 6：选中事先准备好的文件夹，单击"确定"按钮。

项目 2　图片处理

任务 2.2　风景艺术照片处理

 任务描述

大自然的优美风景在我们的生活中随处可见，小刘同学外出旅游拍摄了很多风景艺术照片，但是有一些照片存在色彩问题，为了使照片更加完美，他准备对有问题的照片进行后期处理，通过调整色阶、色相/饱和度和利用相关工具来使照片的主题效果更加突出，画面层次更加生动丰富。

 任务分析

本任务主要运用色阶、色相/饱和度及模糊工具来解决照片中色彩关系和远近层次的拉伸问题。

序号	关键步骤	注意事项（技术+美育）
1	根据主体调整色阶	（1）技术方面：对照片进行分析，使用色阶调整工具进行基础色调的设定； （2）审美方面：按照审美需求，确定照片的基本色调，确保色彩搭配和谐、符合主题
2	调整色相/饱和度	（1）技术方面：在符合审美的前提下对图像利用"创建新的填充或调整图层"按钮，添加色相/饱和度； （2）审美方面：在调整过程中，确保色彩的变化符合审美要求，增强照片的视觉冲击力
3	模糊工具	（1）技术方面：对照片进行深度加工，对需要模糊处理的对象进行模糊处理； （2）审美方面：模糊处理时要考虑整体美感，避免过度模糊导致照片失真，保持照片的艺术感

任务实施

步骤 1：新建文件。

创建一个宽 12.7 厘米、高 8.9 厘米，分辨率为 300 像素/英寸，颜色模式为 RGB 颜色的文件，如图 2-2-1 所示。

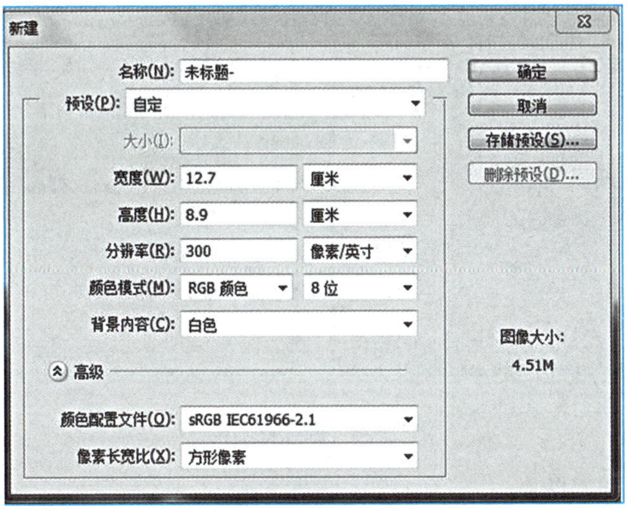

图 2-2-1　新建文件

39

步骤 2：调整色阶。

（1）将准备好的照片拖入新建文件工作区中，按 Enter 键，如图 2-2-2 所示。

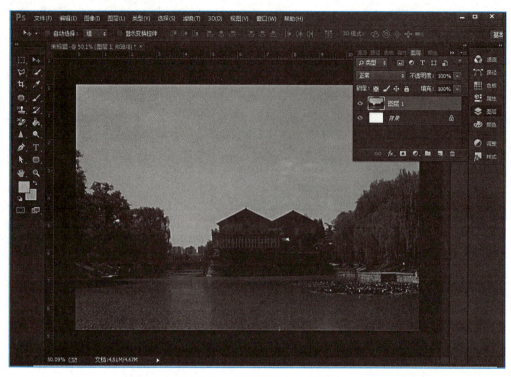

图 2-2-2　将图片拖入工作区

（2）在菜单栏中单击"图像"→"调整"→"色阶"命令或者按 Ctrl+L 组合键可以打开"色阶"对话框。通过调整色阶参数，校正整体图像的色彩偏差和色彩平衡，如图 2-2-3 所示。

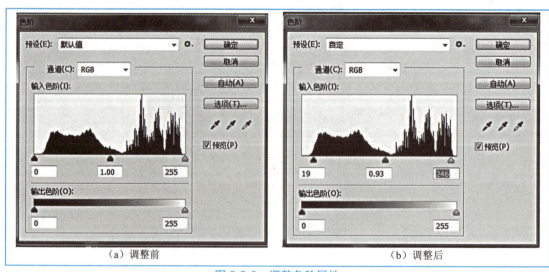

(a) 调整前　　　　　　　　　　　(b) 调整后

图 2-2-3　调整色阶属性

步骤 3：调整色相/饱和度。

色相/饱和度可以用来调整图像的色相、饱和度、明度。

单击"图层"面板中的"创建新的填充或调整图层"按钮，在弹出的下拉菜单中选择"色相/饱和度"命令，如图 2-2-4 所示。

图 2-2-4　创建新的填充或调整图层

创建好之后在图层 1 的上方会出现一个"色相/饱和度 1"图层，如图 2-2-5 所示。单击这个图层就可以对色相/饱和度进行编辑。

图 2-2-5　色相/饱和度的编辑

在"属性"面板中将色相/饱和度调整为：色相为 0，饱和度为+30（0～+50），明度为+8，如图 2-2-6 所示。

图 2-2-6　色相/饱和度参数调整

步骤 4：仿制图章、模糊工具。

可以利用"仿制图章工具" 去除远处建筑物等，再利用"模糊工具" 对远景进行模糊处理，效果如图 2-2-7 所示。

图 2-2-7 模糊工具

步骤 5：调整阴影/高光。

在菜单栏中单击"图像"→"调整"→"阴影/高光"命令，打开"阴影/高光"对话框，设置阴影、高光的数量，如图 2-2-8 所示，完成整体照片的调整。

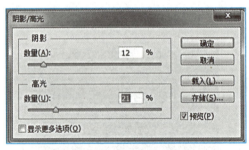

图 2-2-8 阴影/高光数量设置

修改前后效果对比如图 2-2-9 所示。

（a）修改前　　　　　　　　　　　　　　（b）修改后

图 2-2-9 修改前后效果对比

任务小结

在本任务中,我们除学到 Photoshop 的基础操作外,还学到了以下功能。

(1)快捷键:在 Photoshop 中有非常多的快捷键,如 Ctrl+Alt+Z 是连续撤回操作,Ctrl+L 是调出"色阶"对话框。

(2)调整照片亮度。

当我们拍摄照片时,光线不足会导致照片色彩暗淡,此时就可以利用"色相/饱和度"来调整照片的亮度和对比度,提升照片整体效果。

任务 2.3　静态艺术照片处理

 任务描述

生活中的精彩处处存在，小刘同学在生活中就拍摄了一些记录精彩瞬间的静态艺术照片，为使这些瞬间更加具有艺术感染力，我们要对静态艺术照片进行处理，来提升照片亮度/对比度，调整色相/饱和度，并去除图片中多余的物体，进而提升美感。

 任务分析

序号	关键步骤	注意事项（技术+审美）
1	打开需要处理的照片	使用多种方法打开，确保无损打开文件
2	修补工具选择	（1）技术方面：熟练掌握选框及修补工具； （2）审美方面：根据照片风格、审美要求去除或添加物体
3	自然饱和度	（1）技术方面：将自然饱和度的属性修改为"−30"（−30～−10 即可）； （2）审美方面：确保色彩自然，避免过于鲜艳或暗淡
4	曝光度	（1）技术方面：设置曝光度为 0.38（0～0.40 即可），灰度系数校正为 0.78（0.70～0.78 即可）； （2）审美方面：确保照片明暗适中，细节清晰，整体视觉效果和谐

 任务实施

步骤 1：打开文件。

在菜单栏中单击"文件"→"打开"命令，在"打开"对话框中找到素材图片，单击"打开"按钮，如图 2-3-1 所示。

图 2-3-1　打开素材图片

步骤 2：使用修复工具进行设置。

右击背景图层，在弹出的快捷菜单中选择"背景图层"命令，将背景图层转换成图层 0。选择"多边形套锁工具" 或"矩形选框工具" ，如图 2-3-2 所示，框选要进行修复的黑色多余树干部分，如图 2-3-3 所示。

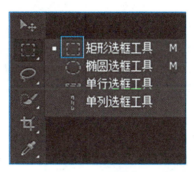

图 2-3-2　矩形选框工具

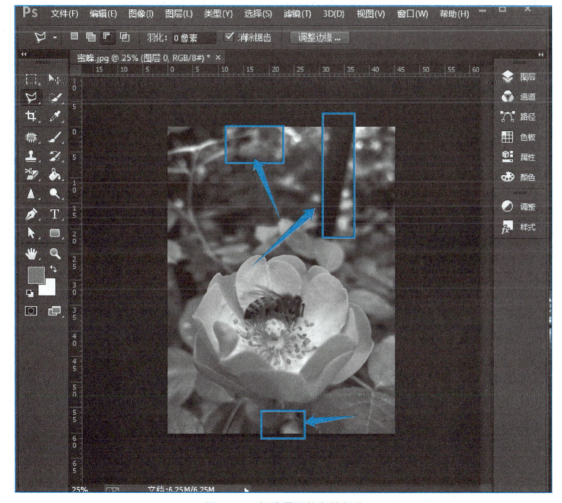

图 2-3-3　框选需要修复的部分

框选之后选择修复工具，单击框选的部分向右或向左拖曳，即可修复（修复工具可以用其他区域或图案中的像素来修复选中的区域），效果如图 2-3-4 所示。

图 2-3-4 修复图片效果

步骤 3：调整自然饱和度。

单击图层下方的"创建新的填充或调整图层" ![按钮] 按钮，在弹出的下拉菜单中选择"自然饱和度"，将"自然饱和度"属性修改为"25"（15～35 即可），"饱和度"属性修改为"25"，如图 2-3-5 所示。

步骤 4：调整曝光度。

曝光度是用来控制图片色调强弱的工具，与摄影中的曝光度类似，曝光时间越长，图片就会越亮。曝光度设置面板有三个选项可以调节：曝光度、位移、灰度系数校正。

单击图层下方的"创建新的填充或调整图层"按钮，在弹出的下拉菜单中选择"曝光度"，弹出曝光度属性面板，如图 2-3-6 所示。

调整曝光度属性面板中的曝光度为 0.38（0～0.40 即可），灰度系数校正为 0.78（0.70～0.78 即可），如图 2-3-7 所示。

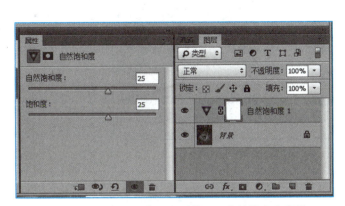
图 2-3-5　创建新的填充或调整图层自然饱和度参数

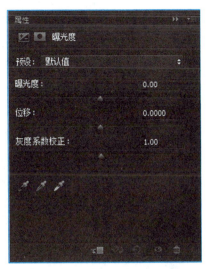
图 2-3-6　曝光度属性面板

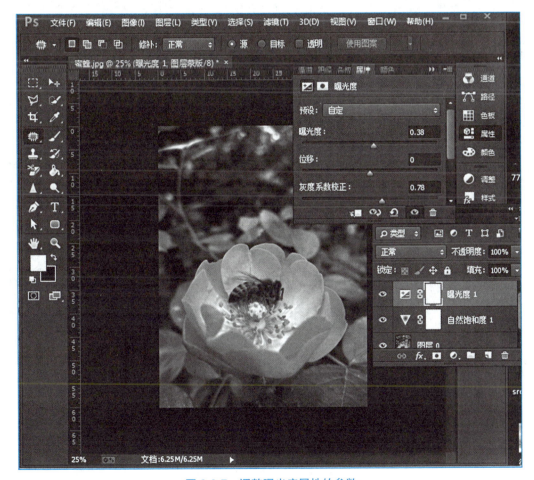
图 2-3-7　调整曝光度属性的参数

图片修改前后效果对比如图 2-3-8 所示。

图 2-3-8　图片修改前后效果对比

任务小结

矩形选框工具：利用矩形选框工具，我们可以框选图中需要修改的部分并对其做出调整。

反选工具：当图中大部分需要调整时，可以先利用选框工具框选不用修改的部分，然后选择反选工具来框选需要调整的部分，以达到保护无须修改部分的目的。

修复工具：修复工具可以用其他区域或图案中的像素来修复选中的区域，可运用于图中小部分的覆盖及修复，主要用于修复图中的瑕疵。

调整曝光度：提高曝光度可以使图中光源亮度提高，降低曝光度可以使图中光源的亮度降低，常用于修复光源较强的图片和光源十分弱的图片。

任务 2.4　艺术照片处理

任务描述

小刘同学的姐姐拍摄了艺术照片，小刘同学想帮姐姐对照片进行艺术处理，去除脸上的雀斑和加强曝光度。

任务分析

序号	关键步骤	注意事项（技术+审美）
1	打开素材图片	使用多种方法新建文件，并打开素材图片
2	选择并调整污点修复画笔工具	（1）技术方面：根据图片像素大小，确定修复画笔工具的选区大小和画笔大小，掌握污点修复画笔的定义方法； （2）审美方面：首先观察图片中的完美区域颜色，然后选择待修复区域周边颜色与完美区域相匹配的区域，并确定一个完美的目标点，以此为基础进行污点修复
3	修复污点	（1）技术方面：调整修复污点画笔笔触，单击要消除的斑点进行去除； （2）审美方面：通过整体与局部区域放大相结合的观察方法，使整体图片趋于完美，在消除过程中要避免出现画面颜色不均匀
4	提高图片的整体亮度	通过填充或调整图层提升图片亮度，使其符合审美要求

任务实施

步骤 1：打开文件。

在菜单栏中单击"文件"→"打开"命令，找到素材图片，单击"打开"按钮。

步骤 2：选择并调整污点修复画笔工具。

可以在不设置任何取样点的前提下消除图片中的污点和某个对象，因为它会根据自动修复区域的纹理、光照、透明度及阴影等像素变化因素，使其与图片整体匹配，并将修复后的污点区域融入整个图片中。

修复图中的斑点，我们选中一个类似创口贴的工具，即污点修复画笔工具，如图 2-4-1 所示，然后在其属性面板中调整画笔的大小、硬度及间距等参数，如图 2-4-2 所示。

图 2-4-1　污点修复画笔工具

图 2-4-2　调整画笔大小、硬度及间距等参数

步骤 3：修复污点。

调整完画笔参数后,将画笔移到污点上,一点一点地修复,可以明显发现斑点消失了,如图 2-4-3 所示。

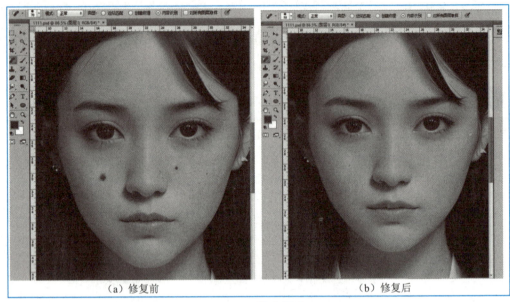

(a) 修复前　　　　　　　　　　(b) 修复后

图 2-4-3　修复污点

步骤 4：提高图片的整体亮度。

单击图层下方的"创建新的填充或调整图层"按钮,如图 2-4-4 所示。

图 2-4-4　"创建新的填充或调整图层"按钮

在创建新的填充或调整图层属性面板中,调整曝光度的值,值的范围为 0～1.0,如图 2-4-5 所示。

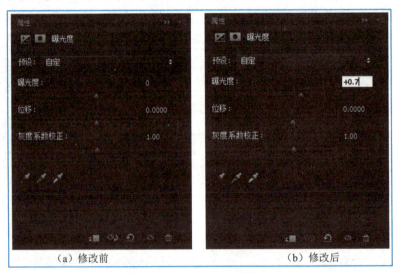

(a) 修改前　　　　　　　　　　(b) 修改后

图 2-4-5　曝光度值的修改

任务小结

污点修复画笔工具:可以快速修复图像中的污点和瑕疵,提高图像的质量。

填充或调整图层:分为"填充图层"和"调整图层"两大功能。"填充图层"它可以用纯色、渐变或图案填充图层,不影响下面的图层;"调整图层"则可以调整图像颜色和色调,而不会更改图像像素值。

技能训练　生活照处理

任务描述

为了提升审美，将你的或者他人的生活照进行艺术处理。要求照片处理得当、美观，体现出热爱生活的情感和理念，激发对生活的热爱之情。

任务分析

使用_____相关工具完成生活照的处理。

任务实施（请写出制图步骤）

任务小结（请写出你所用到的命令和制作体验）

项目 3　卡片设计制作

扫一扫，看微课　　扫一扫，看微课

本项目的主要教学目的是通过学习与实操，使学生掌握文字工具、图层蒙版、分布对齐、画笔工具、渐变填充工具及橡皮擦工具等相关知识点，能够独立地设计并制作一些生活中常见的卡片。

本项目从卡片设计制作入手，包含 4 个任务和 1 个技能训练，分别是任务 3.1 汉服吊牌设计制作、任务 3.2 西柏坡纪念馆参观票设计制作、任务 3.3 茶艺师名片设计制作、任务 3.4 志愿者工牌设计制作和技能训练校园明信片设计制作。从本项目我们不仅可以学到相应的知识点及卡片的设计制作方法，理清卡片设计制作的工作思路，还可以培养健康的审美意识，激发对祖国、对中华传统文化、对集体的热爱之情。

技能重点	（1）文字工具；（2）图层基本操作；（3）图层蒙版；（4）图层组；（5）分布对齐；（6）画笔工具；（7）渐变填充工具；（8）橡皮擦工具
技能难点	（1）图层蒙版；（2）画笔工具
推荐教学方式	教师可以根据专业需要或学生情况选择适合的任务进行教学； 任务 1.1 和 1.2 有详细步骤，任务 1.1 可由教师分析设计思路并详细演示制作过程，任务 1.2 可由教师指导学生完成设计思路的分析及任务的实施过程； 任务 1.3 和 1.4 提供了素材、效果图及简单的设计制作思路，建议教师引导学生完成任务，需要注意的是，提供的效果图只是一个参考，学生可以在设计制作的过程中发挥自己的创意，不必要求学生作品和效果图完全一致，以此来提升学生的技术和审美的综合素养； 技能训练是一个开放性任务，建议教师根据专业或学情进行调整，旨在使学生熟练掌握软件、提高审美能力、提高梳理工作思路的能力
建议课时	每个任务 2 课时，项目简介建议教师根据专业需要或学情增加或减少讲解内容，融入任务中讲授
推荐学习方法	动手操作是学习 Photoshop 的重要手段，提高审美是时代、社会、岗位的要求，学生通过教师的示范、引导，根据自身特点，可从任务实操入手，也可从知识技能点入手，完成任务和技能训练，以此来提高技术能力和审美水平。技术方面勤练是关键，审美方面多看多体会优秀的设计作品是重点

 **项目简介**

1. 卡片设计制作项目简介

卡片是人们传递信息的一种载体，也是交流情感的一种方式。在当今社会中，卡片已成为一种不可缺少的工具，在我们的生活中随处可见，如名片、会员卡、银行卡、祝福卡、宣传卡、优惠卡、门票、服装吊牌、请柬、背胶贴及书签等，如图3-0-1所示。

图 3-0-1　生活中常见的卡片

卡片在传递信息时非常直观，优秀的卡片设计作品在生活中具有极大的艺术价值，有时甚至可以成为珍贵的收藏品，因此卡片的设计也越来越被人们重视。在进行卡片设计制作时，既要分析卡片的特点，也要对卡片的风格、氛围、元素和形式进行全方位的表现，了解卡片的功能要求和使用对象，以满足不同的需求。

2. 卡片的特点

1）简单易识别

卡片是一种面积较小的信息载体，版面十分有限，设计时应注意文字简明扼要，版式层次分明，使其具有更强的辨识性，也有利于人们对其传递的信息进行记忆。例如，企业名片，在设计时一般采用简洁明快的风格，图像和文字要搭配和谐，能够直观地传达企业的基本信息和文化内涵，如图 3-0-2 所示。

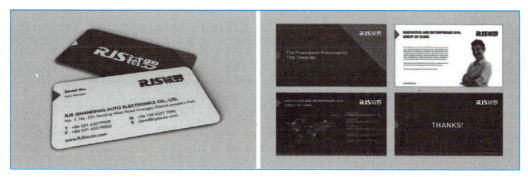

图 3-0-2　企业名片

2）造型多种多样

卡片的造型有很多种，如矩形、圆形、三角形、特殊造型、对折式、立体式、插袋式等，如图 3-0-3 所示，客户可根据自己的需要或喜好进行选择。

图 3-0-3　造型多种多样的卡片

3）材质及印刷工艺种类繁多

卡片的材质及印刷工艺种类繁多。从卡片的材质看，大多数为纸质，也可以使用塑料、金属、木质、皮革、水晶等。卡片的印刷工艺也有很多种可供选择，如覆膜、烫印、过油、击凸、压纹、植绒、镭射、镂空等。在设计制作卡片时，采用不同的材质和印刷工艺，可以更加有效地表达卡片想传递给受众客户的信息。

4）更注重创意

除了标准名片、银行卡等卡片，很多卡片在设计制作时，不需要遵循框架式的规范要求，而是更加注重独特的创意和新颖的风格。比如贺卡、书签等类型的卡片，在形态、材质及工艺上可以各不相同，尺寸也没有特定的行业规范，在设计制作时可以根据客户的需求，发挥自己的想象力，尽量使卡片给人们留下更加深刻的印象。

3. 卡片的构成要素

所谓构成要素是指构成卡片内容的必要设计元素，通常包括图案和文案两大类。它们各有各的作用，却又相互关联，构成一个统一的整体。

1)图案

图案设计是一个很重要的环节,如 Logo、花纹、二维码等。图案的选择和处理,往往会直接影响卡片的视觉效果,不仅要满足画面的构图需求,还必须与卡片的主题相符。例如,制作春节贺卡,可选择喜气祥和、有吉祥寓意、表现中国风的图案,如剪纸、年画娃娃、灯笼、鞭炮、中国结、牡丹、锦鲤等。

2)文案

文案也是必不可少的,如广告语、祝福语、联系方式、数字编号、使用说明等。文案可以分为主题文案和辅助文案。主题文案一般字号较大,字体和颜色更突出,而且要与卡片本身的主题相互呼应,如名片中的主题文案可以是名片持有人的姓名,宣传卡的主题文案可以是店铺的名称。辅助文案一般字号较小,字体及颜色应尽量简单,用来进行必要的补充与说明。

4. 卡片的设计制作流程

任何作品的设计制作都是一个有计划、有步骤、不断完善的过程,因此在设计制作过程中需要遵循一些固定的流程。我们通过讲解卡片设计制作的流程,使客户了解卡片设计制作前期、中期和后期的相关工作,熟悉卡片设计制作的方法和步骤。

1)明确主题和定位

在开始设计之前,需要与客户多沟通交流,准确了解卡片的用途,敏锐把握客户的需求,根据卡片的主题及其所传递信息的特点,选择最恰当的表现形式。

2)进行创意构思

一个好的构思需要具备一定的视觉冲击力、良好的可识别性以及符合卡片主题的氛围感。例如,设计制作一张 VIP 会员卡,在构思时可选取能够彰显持卡人尊贵身份、有象征意义的图案作为素材,选择深沉的黑色、高贵的紫色、典雅的酒红色、奢华的金色等色彩作为表现形式。

3)初步设计

完成初步设计方案,要创造性地编排各种视觉元素,使图案和文案在某种版式中达到和谐统一,如图 3-0-4 所示。

图 3-0-4 初步设计方案示例

4）艺术设计

初步设计方案成熟后，可进入艺术设计阶段。一般要使用多种图像处理软件，来实现具体的制作步骤，充分发挥每个软件的优势，使作品能够达到更好的视觉效果。与 Photoshop 同属 Adobe 公司的设计类软件，如图 3-0-5 所示。

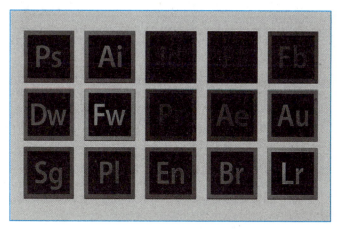

图 3-0-5　设计类软件

5）作品输出方式

常见的作品输出方式有两种，打印和印刷，可以根据实际需要来选择。若需求量个大，可以采用打印输出，其优点是简单方便，但对纸张的要求较为严格，速度慢，成本也高；若需求量大，可采用印刷方式，这种方式相对复杂，对图形精度要求较高，还要在印前对图片进行电子分色、校色、打样等工序，但是大批量输出可以降低成本，还能根据设计的特殊要求，选择多种不同的工艺，得到令人更加满意的作品。

任务 3.1　汉服吊牌设计制作

任务描述

小思在公司经过一段时间的实习，已经能完成一些简单的设计工作了。小思的一位朋友计划筹办一个汉服工作室，品牌名称是"一叶知秋"，请小思设计制作一款古香古色的吊牌。

吊牌是在衣服饰品或其他商品售卖的过程中，吊挂在上面的卡片，很多品牌服装的吊牌设计精美，各具特色。大多数吊牌上印有服装材质、洗涤注意事项、厂名、厂址、电话、邮编、徽标等内容。服装吊牌没有标准的尺寸，9cm×5.4cm（长×宽）属于常规尺寸，客户可以根据需要选择任意尺寸和形状。设计制作吊牌时，图像分辨率要达到 300 像素/英寸，选择 CMYK 色彩模式。

服装吊牌的印刷制作材质有很多种，大多为纸质，也有塑料、金属等质地。吊牌的造型更是多种多样的，如矩形、圆形、三角形，以及对折式、立体式、插袋式等其他特殊造型，在设计时都可以不拘一格地选用。

 **任务分析**

序号	关键步骤	注意事项（技术+审美）
1	确定主题	主题要根据客户的意图和相关文案来确定。本任务设计制作的卡片是服装吊牌，主题是我国传统服饰汉服，故选古典的国风风格以凸显主题
2	选取形象	根据主题选取适合的形象。本任务可以选取一些国风元素的素材图片，如水墨画、仕女图、古风花纹图案（团花、祥云、唐草等）、毛笔书法文字等，如图 3-1-1 所示
3	安排构图	在安排构图时，要确定主题形象、主题文字的位置以及大小对比关系，要做到主题突出、文字简练、设计简洁、具有感染力。本任务的设计采用竖版、上下式构图，方便使用的同时，也更加符合古典风格的要求
4	色彩运用	根据主题风格，本任务选择了古朴素雅、彰显文化底蕴的黑、白、灰等颜色，还可以略微发黄的宣纸色等为主
5	新建文件	正确设置图像的分辨率及颜色模式
6	制作内容	（1）技术方面：通过完成本任务，熟悉图层及其混合模式设置等相关操作，掌握选区工具、自由变换命令、渐变及填充工具、文字工具、橡皮擦工具等的使用方法； （2）审美方面：体会古典的美、传统的美、书法的美，通过选择和处理素材图片，感受传统文化，提高对美的欣赏水平
7	保存文件	选择正确的存储格式及参数

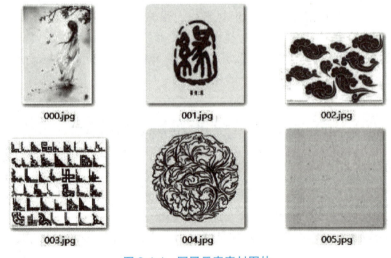

图 3-1-1 国风元素素材图片

 **任务实施**

步骤 1：创建新文件。

打开 Photoshop，在菜单栏中单击"文件"→"新建"命令，打开"新建"对话框，设置宽度为 40 毫米，高度为 90 毫米，分辨率为 300 像素/英寸，色彩模式为 CMYK，背景内容为白色。

步骤 2：制作纹理背景。

将"纸质纹理"素材图片拖曳至画布内,此时会自动生成一个位置大小可调节的智能对象图层。使用鼠标拖动图层边缘的锚点进行调节,使其布满整个画布,按 Enter 键。

步骤 3:添加祥云图案。

图 3-1-2 使用魔棒工具选取"祥云"素材图片

在菜单栏中单击"文件"→"打开"命令,在"打开"对话框中选择"祥云"素材图片,单击"确定"按钮。选择工具面板中的"魔棒工具" ,在工具选项栏中选择"添加到选区" 按钮,在打开的素材图片中多次单击选取祥云图案,如图 3-1-2 所示。按 Ctrl+C 组合键进行复制,按 Ctrl+V 组合键将其粘贴到步骤 1 中新建的图像文件中,将该图层重命名为"祥云 1",按 Ctrl+T 组合键将祥云 1 图案自由变换至合适的大小及位置,如图 3-1-3 所示。设置前景色为白色,按住 Ctrl 键,在"图层"面板中单击"祥云 1"图层的缩略图以载入选区,按 Alt+Delete 组合键填充前景色,并将该图层不透明度设置为 50%。

将"祥云 1"图层拖曳至"图层"面板右下角的"新建" 按钮上,即可复制一个副本图层,重命名为"祥云 2",按 Ctrl+T 组合键,对祥云 2 图案进行自由变换,调整其位置及方向,如图 3-1-4 所示。

图 3-1-3 "祥云 1"大小及位置效果　　图 3-1-4 "祥云 1"和"祥云 2"大小及位置效果

步骤 4：添加团花图案。

将"团花"素材图片拖曳至画布中，调整大小和位置后，按 Enter 键，并右击图层，在弹出的快捷菜单中选择"栅格化图层"命令。在"图层"面板中设置该图层混合模式为"划分"，如图 3-1-5 所示。

单击"图层"面板右下角的"新建"按钮，在"团花"图层下方新建图层，重命名为"团花衬托"。设置前景色为灰色（#aaaaaa），在工具面板中单击"渐变工具" ，在工具选项栏中单击"径向渐变" 按钮，单击"渐变拾色器" 右侧小三角，在下拉选框中选择"前景色到透明渐变"选项，如图 3-1-6 所示，从团花中心向四周任意一侧拖动鼠标，做出灰色到透明色的渐变，使团花图案更清晰地显现出来。在工具面板中单击"橡皮擦工具" ，在工具选项栏中单击"画笔预设"下拉选框，调节橡皮擦的大小为 400 像素，硬度值为 0%，擦掉周围不和谐的部分。

完成以上步骤后，吊牌背景基本处理完毕，效果如图 3-1-6 所示。

图 3-1-5 设置"划分"图层混合模式

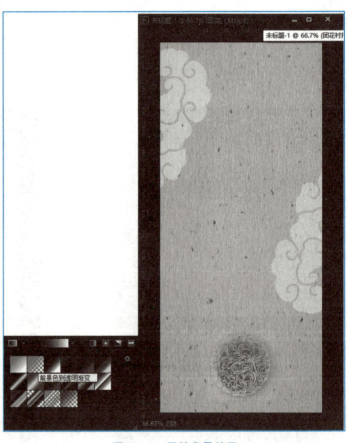

图 3-1-6 吊牌背景效果

步骤 5：添加人物图案。

将"古风少女"素材图片拖曳至画布中，调整大小和位置后，按 Enter 键。在"图层"面板中右击该图层，在弹出的快捷菜单中选择"栅格化图层"命令，单击"图层混合模式"下拉列表，选择"深色"混合模式。在菜单栏中单击"图像"→"调整"→"去色"命令，然后用橡皮擦工具修饰图像边缘。使用橡皮擦工具将多余部分小心地擦除，效果如图 3-1-7 所示。

步骤 6：添加印章图案。

打开"印章"素材图片，在工具面板中单击"魔棒工具"，调整容差值为 30，取消勾选"连续"复选框，在图片中白色背景处单击，即可选中所有背景部分。按 Ctrl+Shift+I 组合键，可反向选取，在工具面板中单击"矩形选框工具"，在工具选项栏中单击"从选区减去"按钮，用鼠标拖动矩形框将印章下方多余的黑色文字部分从选区中减去，如图 3-1-8 所示。按 Ctrl+C 组合键进行复制，在步骤 1 创建的文件中按 Ctrl+V 组合键进行粘贴，在"图层"面板中重命名此图层为"印章"。按 Ctrl+T 组合键对印章图案进行自由变换，调整其位置和大小，效果如图 3-1-9 所示。

图 3-1-7　添加人物图案效果

图 3-1-8　选区相减

步骤 7：添加文案。

将前景色设置为深灰色（#343434），在工具面板中单击"横排文字工具"，在图片中单击输入"一"，按 Enter 键，此时"图层"面板中可以看到添加了一个文字图层，使用同样的方法分别输入"叶""知""秋"，此时"图层"面板中有 4 个文字图层。单击选中某个文字图层后，可用鼠标选中其中的文字，在工具选项栏中对其进行字体、字号的设置，完成后可以用"移动工具"调整每个文字的位置。

打开"古风边框"素材图片,用魔棒工具选取其中一个古风边框,进行复制、粘贴、自由变换操作,将边框和 4 个文字美观地组合在一起,效果如图 3-1-10 所示。

图 3-1-9　添加印章图案效果

图 3-1-10　添加文字图案效果

在工具面板中单击"直排文字工具"按钮,在图片右下角输入"原创汉服",设置颜色、字体及字号。

步骤 8:添加圆孔切割标记。

在"图层"面板右下角单击"新建"按钮,创建一个新图层,重命名为"圆孔切割标记",单击工具面板中的"椭圆工具"按钮,按住 Shift 键,在图片上方拖动鼠标绘制正圆形。在工具选项栏中单击"填充"选项中的"无颜色"按钮,单击"描边"选项中的"纯色"按钮,在色板中选择黑色,设置描边宽度为 1 点,描边线型为虚线。

完成以上步骤后,整体效果如图 3-1-11 所示。

任务小结

在本任务中,我们用到了图层基本操作命令、魔棒工具、自由变换命令、载入选区命令、填充命令、图层不透明度设置、渐变工具、图层混合模式设置、橡皮擦工具、亮度/对比度命令、横排/直排文字工具、椭圆工具等。

项目3 卡片设计制作

图 3-1-11 "一叶知秋"汉服吊牌效果图

任务 3.2　西柏坡纪念馆参观纪念票设计制作

 **任务描述**

小思所在的公司要进行团建活动，目的是大家一起参观革命圣地西柏坡，重温历史，感受并学习革命先烈的西柏坡精神。小思负责给大家订票，小思认为西柏坡纪念馆的参观纪念票是一个非常好的练习主题，可以应用自己所学的技能设计一个练习稿。

西柏坡是我国革命圣地之一，是全国重点文物保护单位、国家 AAAAA 级旅游景区。西柏坡曾是中共中央所在地，党中央和毛主席在此指挥了决定解放战争走向的辽沈、淮海、平津三大战役，召开了具有伟大历史意义的中国共产党七届二中全会和中国共产党全国土地会议，解放全中国，故有"新中国从这里走来"的美誉。本任务是为西柏坡纪念馆设计制作参观纪念票，最终的设计效果图如图 3-2-1 所示。

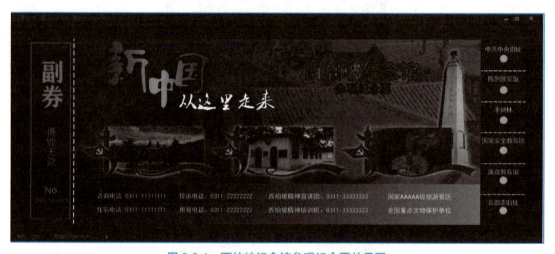

图 3-2-1　西柏坡纪念馆参观纪念票效果图

 **任务分析**

序号	关键步骤	注意事项（技术+审美）
1	确定主题	本任务以宣传红色旅游景点革命圣地西柏坡为主题，适宜采用比较正式严肃的风格，不宜采用活泼或动感等风格
2	选取形象	可以在革命圣地西柏坡拍摄景点照片作为素材图片，如图 3-2-2 所示
3	安排构图	采用门票经常使用的横版设计，将素材图片与主次文案进行合理的搭配，做到重点突出、详略得当
4	色彩运用	选择代表勇气、斗志、革命的红色作为主要色彩，搭配代表热情的橙色以及代表辉煌、充满希望的黄色作为辅助色彩
5	新建文件	正确设置图片的分辨率及颜色模式
6	制作背景	通过本任务熟练掌握图层相关操作方法，掌握渐变填充工具的使用方法

续表

序号	关键步骤	注意事项（技术+审美）
7	制作内容	（1）技术方面：通过本任务学习分布与对齐功能，掌握文字工具、画笔工具、形状工具的使用方法。 （2）审美方面：体会写实的美、怀旧的美、书法的美、平衡的美，通过选取和处理素材图片，提高审美水平
8	保存文件	选择正确的存储格式及参数

图 3-2-2　素材图片

任务实施

步骤1：创建新文件。

在菜单栏中单击"文件"→"新建"命令，在"新建"对话框中设置宽度为220mm，高度为80mm，分辨率为300像素/英寸，色彩模式为CMYK，背景内容为白色。在菜单栏中单击"视图"→"新参考线"命令，在"新参考线"对话框中选择"水平"选项，在"位置"框中输入62mm，单击"确定"按钮，即可创建一条参考线。使用同样的方法再创建两条垂直的参考线，"位置"分别为20mm和200mm。

步骤2：制作背景。

将前景色设置为深红色（R150，G40，B30），根据参考线位置，使用"矩形选框工具" 分别选择左右两侧的部分，按Alt+Delete组合键进行填充。使用"矩形选框工具"选择中间的部分，在工具面板中选择"渐变工具" ，前景色保持不变，背景色设置为（R245，G200，B50）。在工具选项栏中将"渐变拾色器"设置为"前景色到背景色渐变"，单击"线性渐变" 按钮，在选好的区域中从左到右拖出一条渐变线，效果如图3-2-3所示。

在菜单栏中单击"文件"→"打开"命令，选择"西柏坡1"素材图片，单击"打开"按钮。在菜单栏中单击"滤镜"→"滤镜库"命令，打开"滤镜库"对话框，单击"艺术效果"→"干画笔"命令，在干画笔属性面板中调节"画笔大小""画笔细节""纹理"滑块，如图3-2-4所示。

图 3-2-3　填充背景

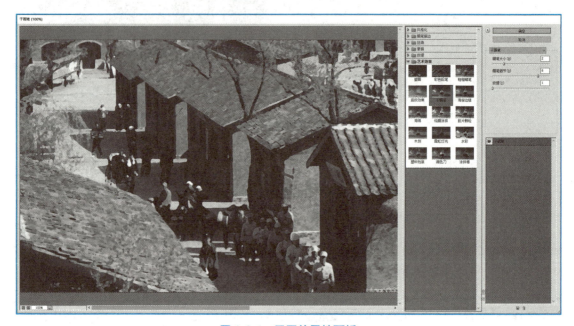

图 3-2-4　干画笔属性面板

在菜单栏中单击"图像"→"调整"→"色相/饱和度"命令，选中"着色"复选框，调节"色相"为 45，"饱合度"为 20，"明度"为 –20，得到看起来发黄发旧的老照片效果，如图 3-2-5 所示。

按 Ctrl+A 组合键，将调整好的图片全部选中，复制、粘贴到前面新建的图片文件中，将图层重命名为"背景主图"，设置图层不透明度为 50%，按 Ctrl+T 组合键对"西柏坡 1"素材图片进行自由变换，调整其大小及位置，效果如图 3-2-6 所示。

步骤 3：划分区域。

在工具面板中单击"矩形工具"，在工具选项栏中，单击"工具模式"下拉列表，选择"形状"选项，将"填充"设置为"无颜色"，"描边"设置为"纯色"，并选择白色，"描边宽度"输入 1 点，"描边类型"选择虚线，在图 3-2-7 所示位置拖动鼠标绘制一个矩形，将左右两侧副券区域与主体区域划分开来。

图 3-2-5　老照片效果

图 3-2-6　背景主图

图 3-2-7　绘制矩形

选择"矩形工具",在画布上单击,创建宽度为20mm、高度为10mm的矩形,在"图层"面板该矩形图层上右击,在弹出的快捷菜单中选择"栅格化图层"命令。在工具面板中选择"橡皮擦工具",将大小设置为80像素,硬度设置为100%,拖动鼠标擦除矩形的左、右、下边缘虚线。按Ctrl+J组合键6次,将虚线图层复制出6个副本,在"图层"面板中将7个虚线图层全部选中,如图3-2-8所示。使用工具面板中的"移动工具" ,将7个图层一起移至画布右上角。在"图层"面板中选择其中一个虚线图层,按住Shift键将其垂直移动至画布右下角。再次选中7个虚线图层,在工具选项栏中单击"垂直居中分布" 按钮,即可将这7条虚线均匀分布。在"图层"面板中单击右上角和右下角图层前面的"图层可见性" 按钮,将这两条虚线隐藏起来。在菜单栏中单击"视图"→"清除参考线"命令,效果如图3-2-9所示。

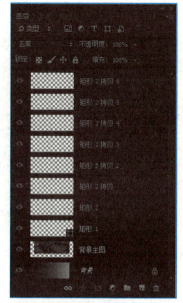

图3-2-8 选中7个虚线图层

图3-2-9 效果图

步骤4:添加素材图片。

打开"华表素材"图片,使用"魔棒工具" 和"矩形选框工具",选择其中一个华表边框,如图3-2-10所示,复制粘贴至新建图片文件后重命名该图层为"华表边框1"。单击"图层"面板底部"添加图层样式" 按钮,在弹出的快捷菜单中选择"外发光"命令,打开"图层样式"对话框,进行外发光效果的参数调节至满意即可,效果如图3-2-11所示。

将设置好的"华表边框1"图层拖曳至"图层"面板右下角的"新建" 按钮,复制出两个副本图层,分别重命名为"华表边框2"和"华表边框3",用"移动工具"移动至合适位置。按住Ctrl键依次单击三个华表边框图层,将它们同时选中,在工具选项栏中单击"垂直居中对齐" 按钮和"水平居中分布" 按钮进行调整,效果如图3-2-12所示。

将"西柏坡2"素材图片直接拖曳至画布中,生成一个新图层,将该图层重命名为"景点

1",按 Shift 键在不改变比例的情况下将"西柏坡 2"素材图片变换至合适大小并移动到适当位置,按 Enter 键,如图 3-2-13 所示。在"图层"面板中选中"景点 1"图层右击,在弹出的快捷菜单中选择"栅格化图层"命令,然后用"橡皮擦工具"擦除下边缘多余的部分,效果如图 3-2-14 所示。与"华表边框 1"图层一样对"景点 1"图层设置外发光效果。

图 3-2-10 打开"华表素材"图片

图 3-2-11 设置外发光效果

图 3-2-12　调整三个华表边框

图 3-2-13　导入"西柏坡 2"素材图片

图 3-2-14　效果图

对另外两个素材图片"西柏坡 3"和"西柏坡 4",重复上述操作,效果如图 3-2-15 所示。

打开"西柏坡 5"素材图片,用"快速选择工具" 选取纪念碑主体部分,如图 3-2-16 所示,在图片上右击,在弹出的快捷菜单中选择"羽化"命令,打开"羽化"对话框,设置羽化像素为 2,单击"确定"按钮。将选好的区域复制、粘贴到新建图层文件中,按 Ctrl+T 组合键对纪念碑图案进行自由变换,改变大小并移动到合适的位置,同样设置外发光效果。

图 3-2-15 "西柏坡 3"和"西柏坡 4"素材图片处理效果

图 3-2-16 选取纪念碑主体部分

此部分完成后,图层组合效果如图 3-2-17 所示。

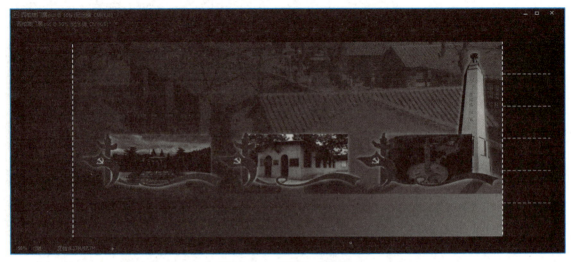

图 3-2-17　图层组合效果

步骤 5：添加文案。

在工具面板中单击"横排文字工具" T ，再单击画布，进入文字输入状态，用键盘输入"新中国"和"从这里走来"，设置字体、字号和基线偏移，为这两个文字图层添加合适的渐变叠加、描边、外发光的图层样式，其效果如图 3-2-18 所示。

再次使用"横排文字工具"输入"西柏坡纪念馆"和"参观纪念票"，设置字体、字号，为这两个文字图层添加描边的图层样式。将"流金溢彩"素材图片拖曳至画布中，重命名为"文字效果叠加层"，在"图层"面板中将此图层拖曳到"西柏坡纪念馆"文字图层的上方，并右击，在弹出的快捷菜单中单击"创建剪贴蒙版"命令，使文字图层显示背景素材图片色彩，可用"移动工具"适当调整其位置。给"参观纪念票"文字图层也创建剪贴蒙版，效果如图 3-2-19 所示。

图 3-2-18　文字设置效果

图 3-2-19　文字图层设置效果

在图片底部区域用"横排文字工具"输入相应内容，如图 3-2-20 所示。

在左侧副券区域，使用"矩形工具" 绘制矩形形状，设置为无填充，描边为黄色细实线。

在左侧矩形边框内，使用"直排文字工具" IT 分别输入"副券""撕毁无效"，使用"横排文字工具"输入"No."和票据编号"202407010005"，设置字体及字号，并调整位置。

在右侧副券区域，使用"横排文字工具"分别输入各个打卡景点的名称以及"打孔作废"的字样，用"椭圆工具" 绘制正圆形，填充为黄色，无描边。使用"移动工具"及工具选项栏中关于对齐和分布的按钮，将文案和黄色圆形的位置调整好。最终效果如图 3-2-21 所示。

项目 3　卡片设计制作

图 3-2-20　排版文字

图 3-2-21　最终效果

 任务小结

在本任务中，我们用到了参考线、矩形选区工具、渐变工具、干画笔滤镜、色相/饱和度命令、自由变换命令、直线工具、魔棒工具、图层样式及不透明度设置命令、图层蒙版、剪贴蒙版、横排/直排文字工具、羽化命令、矩形工具、椭圆工具等。

任务 3.3 茶艺师名片设计制作

任务描述

初入职场的小思想为爸爸准备茶叶作为生日礼物,他到一家茶艺馆去挑选茶叶,接待他的茶艺师得知小思在从事平面设计的工作,于是拜托小思设计一张名片。

茶艺师是茶文化的传播者,是一种温馨且富有品味的职业。名片,是标示其所有人的姓名及所属组织、公司单位和联系方法的卡片。名片是新朋友互相认识、自我介绍的最快、最有效的媒介,交换名片是商业交往中的第一个标准官式动作。名片上一般印有个人的姓名、地址、职务、电话号码、邮箱、单位名称、职业等。名片标准尺寸一般为:90mm×54mm、90mm×50mm、90mm×45mm。名片可以设计为横版或竖版,选择方角或圆角。本任务的设计效果图如图 3-3-1 所示,学生可以根据任务分析及任务实施的内容模仿此效果图进行设计制作。

图 3-3-1 茶艺师名片

任务分析

序号	关键步骤	注意事项(技术+审美)
1	确定主题	本任务以表演茶文化的茶艺师为主题,推荐采用清新淡雅或传统古典的风格,效果图选用的是清新淡雅风格
2	选取形象	推荐选取一些具有民族特色或与茶文化有关的素材图片,如茶叶、茶壶、茶艺表演、唐草、云纹、书法字等,如图 3-2-2 所示
3	安排构图	本任务选择横版、竖版均可,效果图采用了名片经常使用的横版直角设计风格,正反两面,学生也可以根据自己的喜好调整版式。注意要做到主题明确,主要文案和次要文案搭配得当,重点突出
4	色彩运用	推荐选择古朴素雅的黑、白、灰,清新的浅绿色,彰显文化底蕴的墨绿色等,学生可根据个人喜好进行微调
5	新建文件	正确设置图像的分辨率及颜色模式

续表

序号	关键步骤	注意事项（技术+审美）
6	设计制作	（1）技术方面：通过本任务进一步巩固 Photoshop 基本知识点、技能点，做到熟练应用。 （2）审美方面：体会自然的美、人文的美、传统文化的美，通过选取和处理素材图片，提高对美的欣赏水平
7	保存文件	选择正确的存储格式及参数

图 3-3-2　素材图片

任务实施（请写出制图步骤）

此处给出可参考的制作提示，下表为各个步骤需要用到的工具或命令，学生通过练习可以尝试写出具体的制图步骤。

序号	步骤	操作方法及说明
1	新建图像文件	新建文件命令、矩形工具、新参考线命令
2	正面图像部分	图层基础操作、图层混合模式、色阶或曲线命令、矩形工具、画笔工具
3	正面文案部分	横排/直排文字工具、文字格式化、钢笔工具、转换点工具、路径文字
4	背面图像部分	色阶或曲线命令、图层蒙版工具、橡皮擦工具、画笔工具
5	背面文案部分	横排文字工具、图层样式设置、选区工具、自由变换工具

任务小结（请写出你所用到的命令和制作体验）

任务 3.4　志愿者工牌设计制作

**任务描述**

小思在大学时就加入了学校的爱心志愿者社团，现在虽然已经工作了，但是社团的学弟学妹们在做志愿活动前还会请小思给他们指导，小思也非常愿意分享自己的经验。这天，爱心志愿者社团的现任团长联系小思，过两天有一个大型的志愿者活动，请他帮忙制作一个活动期间使用的工牌，方便在现场区分工作人员和活动的参与者。

志愿者也叫义工、义务工作者或志工。他们致力于免费、无偿地为社会进步贡献自己的力量。工牌就是工作牌或工作证，工作牌一般是由公司或某些活动的组织者发行的，有相关工号及佩戴人信息的卡牌，一般由塑料制作而成，是一个代表公司或组织形象的标志，具有标识身份、出入通行管理以及增强归属感等作用。工牌可以根据客户需要进行设计制作，尺寸的大小没有统一的标准，材质也多种多样，如亚克力、金属、纸质等，配戴方式可以是挂脖、别针、领夹等，只要便于随身携带均可采用，如图 3-4-1 所示。

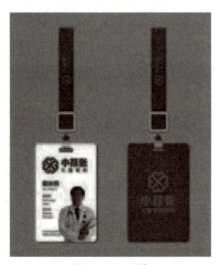

图 3-4-1　工牌

本任务要为所有参与义务宣传活动的志愿者设计统一的挂脖工牌，学生可以通过网络平台在搜索到的志愿者工牌中选择一些进行赏析及任务分析，独立设计制作一个原创的作品。

**任务分析**

序号	关键步骤	注意事项（技术+审美）
1	确定主题	本任务以宣传志愿者精神、号召大家参与志愿活动为主题，设计时要传递温暖亲和、振奋鼓舞、诚信可靠、积极向上、互帮互助等与"爱心"和"志愿"有关的信息
2	选取形象	可以选取一些彰显奉献及爱心的素材图片，如手拉手、志愿者 Logo、各种心形图案等

续表

序号	关键步骤	注意事项（技术+审美）
3	安排构图	采用正反两面设计，尺寸大小为 100mm×75mm，力求做到主题明确，重点突出
4	色彩运用	可以选择给人温暖感觉的红色、橙色作为主要色彩，也可以选择其他合适的颜色
5	新建文件	正确设置图片的分辨率及颜色模式
6	设计制作	（1）技术方面：通过本任务进一步巩固 Photoshop 基本知识点、技能点，做到熟练应用。 （2）审美方面：体会人文的美、互助的美、奉献的美，通过选取和加工素材图片，提高对美的欣赏水平
7	保存文件	选择正确的存储格式及参数

任务实施（请写出制图步骤）

任务小结（请写出你所用到的命令和制作体验）

技能训练　校园明信片设计制作

 **任务描述**

小思在教师节受邀回母校参加活动，漫步在熟悉的校园中，小思发现这里的一草一木都是这么的美好，于是拿着手机拍了起来。回到家小思翻看着这些照片，心想在信息时代，电子邮件和即时通信 App 逐步取代了传统的信件，如果在平凡的一天，你突然收到了一张来自远方的明信片，上面载满朋友对你的祝福，你的心情会是怎样的？如果这张明信片还是朋友自己设计的，那是不是更有意义了？

明信片是一种被社会大众广泛使用和接受的通信方式，可以用来展现地方特色和人文情感，或者展示企业的形象、理念、品牌及产品，是一种广告媒介。

明信片既能和一般信函一样起到传递信息、交流思想、联络感情的作用，又能让更多的人欣赏玩味，乐趣无穷。我国标准邮资明信片的规格统一为 148mm×100mm，制作时一般留 2mm 出血，即制作尺寸为 152mm×104mm，为保证印刷质量，制作分辨率至少为 300dpi（点每英寸），采用 CMYK 颜色模式。上述尺寸为标准尺寸，在设计制作时不必拘泥于此，可以根据自己的需要适当改变尺寸。

在本任务中，大家以自己的校园为主题，发现身边的小美好，使用手机拍摄原创素材图片，结合任务 3.2 中对图片处理的相关命令和工具，设计制作一张或一套自己专属的明信片。如果设计成套的明信片，最好在每一张中保留一些相同的要素，如风格相似或版式相同。

 **任务分析**

请先帮助小思进行任务分析，梳理出设计制作校园明信片的思路，填写注意事项时要注意从技术和审美这两个角度考虑。

序号	关键步骤	注意事项（技术+审美）
1		
2		
3		
4		
5		
6		
7		
8		

任务实施（请写出制图步骤）

任务小结（请写出你所用到的命令和制作体验）

项目 4　招贴设计制作

扫一扫，看微课

扫一扫，看微课

教学目的及要求

Photoshop 在招贴设计制作中应用最为广泛，本项目通过完成招贴设计制作任务，对 Photoshop 的相关命令及一些常用的处理工具进行详细讲解。

本项目包含 4 个任务和 1 个技能训练，分别是任务 4.1 团结湖社区公益招贴设计制作、任务 4.2 公益招贴设计制作、任务 4.3 地产招贴设计制作、任务 4.4 文化招贴设计制作和技能训练文创招贴设计制作。从本项目中，我们不仅可以学会使用 Photoshop 设计制作招贴的方法，理清工作思路，还可以体会社会关心的公益、健康、文化、文创方面的内容，体会招贴对唤起人们对社会各种现象关注和反思的重要作用。

教学导航

技能重点	（1）图层样式详解；（2）图层混合模式；（3）变换图像；（4）智能对象图层；（5）通道基础知识；（6）Alpha 通道；（7）色彩调整的基本方法；（8）色彩调整的高级方法；（9）滤镜库；（10）液化；（11）智能滤镜
技能难点	（1）图层的使用；（2）通道的使用；（3）色彩调整方法
推荐教学方式	根据专业需要选择任务，任务 4.1 和 4.2 有详细步骤，任务 4.1 建议教师详细示范，任务 4.2 建议教师指导学生完成；任务 4.3 和 4.4 提供了制作思路，建议教师通过对制作步骤的分析引导学生完成，需要注意的是，4 个任务都加入了设计的内容，教师要做好讲解、引导，以此来提升学生的技术和审美的综合素养；技能训练是一个开放性的任务，可根据学情调整，培养学生熟练掌握软件的技能、提高审美能力、提高梳理工作思路的能力。另外对于任务中的思政内容，教师应润物细无声地融入教学中
建议课时	每个任务 2 课时，项目简介教师可根据所教专业增加或减少讲解内容，建议融入任务中讲解
推荐学习方法	动手操作是学习 Photoshop 的重要手段，提高审美是时代、社会、岗位的要求，学生要通过教师的示范、引导，根据自身特点，可从任务实操入手，也可从知识技能点入手，以此来提高技术能力和审美水平。技术方面勤练是关键，审美方面多看多体会优秀的设计作品是关键，提倡用真情实感去感知招贴设计作品

项目简介

1. 招贴的概念及应用

招贴（Poster）也称"海报""宣传画"，是一种张贴在公共场所、引起大众关注以达到宣传目的的印刷广告形式。其标准尺寸为 30 英寸×20 英寸（762mm×508mm）。依照这一标准尺寸，按照纸张开度，招贴又发展出其他标准尺寸，如全开、四开、八开，其中最常用的尺寸是大度的四开和对开，即为不同尺寸的招贴设计。

招贴是现代广告中使用最频繁、最广泛的传播手段之一。随着大众审美观念的提高以及企业对自身形象宣传的重视，现代的招贴设计不但具有传播的实用价值，而且具有极高的艺术欣赏性和收藏性。

2. 招贴设计分类

根据功能、需求的不同，通常将招贴分为公益招贴和商业招贴两大类，具体介绍如下。

1）公益招贴

公益招贴通常以社会公益性问题为题材，如纳税、戒烟、优生、竞选、献血、交通安全、环境保护、和平、文体活动宣传等。

2）商业招贴

商业招贴则以直接宣传企业促销商品及商业服务，满足消费者需求等内容为题材，如产品形象宣传、品牌形象宣传、企业形象宣传、商业会展宣传、交通邮政和电信服务及金融信贷服务等。

3. 招贴设计的构成要素

虽然招贴的内容、主题及表现形式千变万化，但其设计的构成要素却基本相同。招贴设计的构成要素主要包括文字设计要素、图形设计要素、色彩设计要素和版式设计要素。

1）文字设计要素

文字设计是招贴设计的重要组成部分，是增强视觉传达效果、展现招贴设计风格、赋予招贴版面审美价值的重要手段。招贴中的文字主要包括侧重于设计内容的文案设计和突出表现形式的主题字体设计。前者是将广告内容、信息通过文字方式表现出来，力求简单、明了、富于冲击力和表现力；后者是利用文字的重叠、夸张、变形等方式将文字图形化，表达主题内容。

2）图形设计要素

图形设计是招贴设计的重要组成部分之一。招贴设计中的图形分为具象图形和抽象图形两种，具体解释如下。

具象图形：具象图形是指有具体形象的图案，多采用摄影或逼真画的绘制方法，对事物的具体形态、色彩、质地进行形象再现，其图形特征鲜明、生动，因贴近生活而表现出丰富的感染力。

抽象图形：主要通过点、线、面和肌理效果等基本元素进行创作和组合，以表达艺术家的主观感受、情感、观念或纯粹的形式美感。

3）色彩设计要素

色彩作为一种表达情感的方式，是现代招贴设计中最重要的一个要素。一个招贴作品的成败，在很大程度上取决于色彩运用的优劣。在招贴设计中，鲜亮的色彩可以给人们留下深刻的印象，有助于创造个性诉求，引起人们的情感共鸣。例如，招贴设计，整体运用红色，表现了热情、喜庆、活泼的节日氛围，引人注目。

4)版式设计要素

在招贴设计中,版式设计可以使作品具有更多的变化,通过版式设计可以对图形、文字、色彩等要素进行整体的考虑,统一图文、突出重点,保证各组成要素在内容和形式上的联系性和统一性。

4. 招贴设计的特点

招贴设计虽然属于平面设计中的一种,遵循平面设计的相关规范,如设计出血线、设置 CMYK 颜色模式以及设计字体单色黑的要求等,但它也有自己的设计特点。招贴设计的特点主要体现在画面尺寸、视觉效果及设计创意三个方面。

1)画面尺寸

鉴于招贴的分布范围主要是公共活动空间,这种街头广告艺术的性质决定了招贴必须以大尺寸的画面来进行信息传达。招贴画面的尺寸一般为对开、全开甚至更大的尺寸,如电脑写真设备制作的巨幅招贴。

2)视觉效果

招贴设计注重远距离的视觉效果,加之受众对街头广告留意时间短暂,因此要求招贴设计必须遵循以下几个方面的视觉设计原则,以达到迅速、准确、有效传达信息的目的。

(1)图形和文字高度概括,需要准确、简洁。
(2)色彩应具有感染力,并且能够强有力地表达主题。
(3)考虑画面空间的灵活运用和信息的简化。
(4)注重设计形式的多样化。

3)设计创意

设计创意是招贴设计的灵魂,它能够使招贴的诉求重点明确、主题突出,并具有深刻的内涵,使招贴作品产生强烈的感染力和说服力。

任务 4.1 团结湖社区公益招贴设计制作

任务描述

在现代社会,健康、正确的公益广告所承载的社会理想、社会文明,已经逐渐融入我们的社会文化中,成为社会文化与风尚的重要组成部分。小思居住的团结湖社区想制作一幅公益招贴,社区工作人员希望通过公益招贴的宣传能够让民众树立团结的理念,互帮互助,从而构建和谐社区。本招贴设计的主题是"城市的精神",效果图如图 4-1-1 所示。

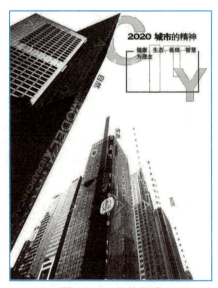

图 4-1-1 公益招贴

任务分析

本任务按照招贴设计的基本思路,对确定主题、选取形象、安排构图以及色彩运用、Photoshop 制图等步骤进行分析。

序号	关键步骤	注意事项（技术+审美）
1	确定主题	在进行设计时，首先要确定主题。在确定主题时往往依据客户的意图和相关文案进行判断。本任务通过"健康、生态、低碳、智慧为理念"的义案将主题确定为"城市的精神"
2	选取形象	（1）技术方面：在确定主题之后，就可以根据主题选取形象。本任务的招贴设计以"城市的精神"为主题，因此可以选取城市、数字、科技、字母等象征科技时代背景下的数字城市的图案作为主题形象。 （2）审美方面：选取的形象应紧扣主题且积极向上，在本任务中，我们选取"城市"作为招贴设计的主题形象
3	安排构图	（1）技术方面：安排构图时，要确定主题形象、主题文字的位置以及大小对比关系。 （2）审美方面：要做到主题突出、文字简练、设计简洁、具有感染力
4	色彩运用	在色彩运用上，根据招贴设计的特点，可以采用热情、有感染力的红色作为主体色，使招贴设计能够创造个性的诉求，引起人们的情感共鸣
5	新建文件	注意文件大小、分辨率、颜色模式的原理和设置方法
6	置入背景素材图片	置入"城市仰视"素材图片并调整好大小、色彩
7	添加文字	运用参考线、渐变工具、图层混合模式、选区工具、变换选区命令等
8	调整文字	运用自由变换命令、画笔工具、文字工具、图层样式等。这些工具和命令的使用方法参见本书的基础知识技能部分
9	保存文件	掌握保存文件的多种方法

 任务实施

步骤 1：打开 Photoshop，按 Ctrl+N 组合键，调出"新建"对话框，设置"名称"为"城市招贴设计"，"宽度"为"21 厘米"，"高度"为"29.7 厘米"，"分辨率"为"300 像素/英寸"，"颜色模式"为"CMYK 颜色"，"背景内容"为"白色"，单击"确定"按钮，完成画布的创建，如图 4-1-2 所示。

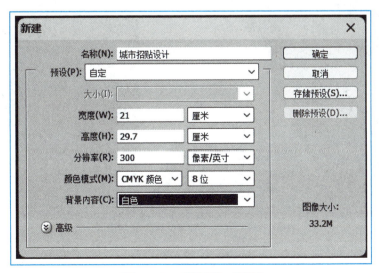

图 4-1-2 "新建"对话框

步骤 2：在菜单栏中单击"视图"→"新建参考线"命令，弹出"新建参考线"对话框，在距离上、下、左、右四条边 3mm 处创建参考线，如图 4-1-3 所示。

图 4-1-3　创建参考线

步骤 3：设置前景色为白色（CMYK：0、0、0、0），按 Alt+Delete 组合键填充背景图层。

步骤 4：置入"城市仰视"素材图片（或从网络上找到相关图片即可），如图 4-1-4 所示。

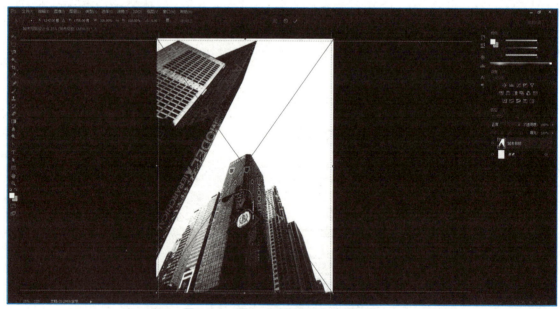

图 4-1-4　置入"城市仰视"素材图片

步骤 5：对图像进行去色处理，按 Ctrl+U 组合键，弹出"色相/饱和度"对话框，勾选"着色"复选框，将色相、饱和度、明度的值按照图 4-1-5 所示值调节。

步骤 6： 在工具面板中单击"横排文字工具" T ，输入如图 4-1-6 所示的文字。

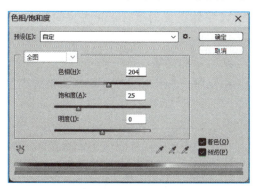

图 4-1-5 "色相/饱和度"对话框　　　　图 4-1-6 中英文结合

步骤 7： 在"图层"面板中选择文字图层，右击，在弹出的快捷菜单中选择"栅格化文字"命令，对文字图层进行栅格化。按 Ctrl+T 组合键，调出定界框，如图 4-1-7 所示。调整变换文字角度，贴合建筑仰视的角度进行调节。

图 4-1-7 定界框

步骤 8： 为栅格化文字图层添加图层蒙版，在"图层"面板下方找到并单击"添加矢量蒙版"按钮，再在工具面板中选择"渐变工具"，在栅格化的文字图层蒙版状态下绘制白色到黑色的线性渐变，效果如图 4-1-8 所示。

图 4-1-8 添加图层蒙版

步骤 9： 选择"横排文字工具"，输入"SPIRIT"，字体设置为"方正正大黑简体"，字号

50，颜色为 C（90）、M（77）、Y（45）、K（8）。

步骤 10：选择"横排文字工具"，输入"CITY"，字体设置为"方正正大黑简体"，字号 68，颜色为 C（89）、M（69）、Y（12）、K（0）。

步骤 11：选择"横排文字工具"，输入如图 4-1-9 所示的文字。

步骤 12：在最底层图层上新建文字图层，单独输入"C""I""T""Y"，并调整大小尺寸和位置，效果如图 4-1-10 所示。

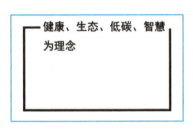

图 4-1-9　输入文字

图 4-1-10　新建文字图层

步骤 13：按 Ctrl+Shift+E 组合键，合并所有图层，得到最终效果图，如图 4-1-11 所示。

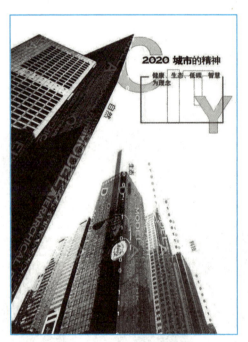

图 4-1-11　最终效果图

步骤 14：按 Ctrl+S 组合键，保存文件。

 任务小结

在本任务中，我们用到了参考线、横排文字工具、文字图层、渐变工具、图层混合模式、选区工具、色彩调整方法等。

任务 4.2 公益招贴设计制作

 **任务描述**

公益招贴是一种有效的视觉传达工具，用于宣传社会公益活动、环境保护、健康促进、慈善机构等相关主题，旨在引起公众的关注、参与和支持。所以公益招贴应用十分广泛。小思对公益招贴的制作非常感兴趣，他想通过图文并茂的公益招贴，吸引人们的注意力，传达正能量，促使人们积极参与社会公益事业，推动社会进步和发展。

本任务需要根据自己选定的主题，自行拍摄、绘制或搜集与主题相关的素材。在设计和制作公益招贴时，需精心考虑目标受众的特点，确保内容符合其年龄、性别和文化背景，传达简洁明了的信息，避免复杂难懂，使用直观的图像和语言以便快速传达主题。同时，要通过版式、色彩和字体的设计突出关键信息，选择与主题相关的有视觉冲击力的图像，并确保其符合道德法律标准。色彩运用需传达正确的情感，考虑对比度和易读性，合理的布局和排版能提升招贴的吸引力。字体选择要恰当，与主题协调，且要保障印刷质量，以保证图像和文字的清晰度。

 任务分析

序号	关键步骤	注意事项（技术+审美）
1	确定主题	确定公益招贴主题，掌握主题设计的方法
2	选取形象	（1）技术方面：根据主题选取形象，掌握选取形象的方法。 （2）审美方面：在构图安排上要突出主题、文字简练、设计简洁、具有感染力，选择有感染力的颜色
3	新建文件	掌握分辨率、颜色模式的原理和设置方法
4	置入或制作背景素材图片	（1）技术方面：置入背景素材图片并调整好大小、位置、颜色。 （2）审美方面：背景素材图片的大小、位置、颜色和审美水平紧密相关，要用心体验
5	置入或制作主体素材图片	（1）技术方面：掌握图层通道、蒙版、颜色等的使用方法。 （2）审美方面：注意所用素材的审美，要用心体验，多观察多体会
6	输入文字	（1）技术方面：掌握文字图层的使用方法，文字的大小、位置、颜色等设置方法。 （2）审美方面：文字的大小、文字的颜色乃至字体在画面美感方面作用都非常大，要细心体会
7	保存文件	掌握保存文件的方法

 任务实施（请写出制图步骤）

任务小结（请写出你所用到的命令和制作体验）

任务 4.3　地产招贴设计制作

任务描述

房地产广告招贴应用十分广泛。小思觉得，学习这一领域的招贴设计很有必要，对自己的能力提升肯定有好处，所以找到了相关案例，进行分析学习。本任务提供了相关素材图片和设计制作思路，小思将根据这些信息和素材图片制作自己的第一份地产招贴——房地产广告招贴，如图 4-3-1 所示。

图 4-3-1　房地产广告招贴

任务分析

本任务将使用钢笔工具、图层、色相、色阶等设计房地产广告招贴。

序号	关键步骤	注意事项（技术+审美）
1	新建文件	掌握文件大小、分辨率、颜色模式的原理和设置方法
2	使用钢笔工具绘制楼体结构	（1）技术方面：路径要闭合且准确。 （2）审美方面：轮廓透视比例关系要给人舒适感觉
3	调整细节	（1）技术方面：掌握添加锚点、删除锚点、转换锚点工具的使用方法。 （2）审美方面：细节处理是否细致
4	调整图层渐变与色相	画面比例结构是否舒适是技术要求同时也是审美要求
5	输入文字	（1）技术方面：掌握文字图层、大小、位置、颜色、字体设置方法。 （2）审美方面：文字要突出主题、主次标题明显，能突出重点，注意视觉导向流程
6	保存文件	掌握保存文件的方法

任务实施（请写出制图步骤）

任务小结（请写出你所用到的命令和制作体验）

任务 4.4　文化招贴设计制作

任务描述

文化招贴是应用最为广泛的一种招贴形式，得到各类设计公司、视觉设计岗位的重视，使用 Photoshop 制作招贴是业界的共识。小思也在设计和制作文化招贴方面跃跃欲试。设计公司给小思提供了文化招贴的案例和相关素材图片，小思将根据这些信息和素材图片制作一个文化招贴作品，如图 4-4-1 所示。

图 4-4-1　文化招贴作品

任务分析

本任务使用钢笔工具、图层、色相、色阶等设计文化招贴。

序号	关键步骤	注意事项（技术+审美）
1	新建文件	掌握文件大小、分辨率、颜色模式的原理和设置方法
2	找到相关素材图片进行抠图	把控细节
3	调整细节	（1）技术方面：掌握添加锚点、删除锚点、转换锚点工具的使用方法。 （2）审美方法：细节处理是否细腻
4	调整图层渐变与色相	画面比例结构是否舒适是技术要求同时也是审美要求
5	输入文字	（1）技术方面：突出主题。 （2）审美方面：主次标题明显，能突出重点，注意视觉导向流程
6	保存文件	掌握保存文件的方法

任务实施（请写出制图步骤）

任务小结（请写出你所用到的命令和制作体验）

技能训练　文创招贴设计制作

任务描述

小思观察到文创产品越来越多，很多产品都非常有创意，但是宣传效果却很差，所以小思想利用所学招贴设计制作的技能为文创领域设计制作一个招贴作品。本任务要求将文化产业发展与传统地方特色进行结合，使用所学 Photoshop 工具结合国潮设计理念进行文创招贴设计。要求体现地方特色的同时结合当下国潮元素，进行融合设计，展现传统地方特色。

任务分析

序号	关键步骤	注意事项（技术+审美）

任务实施（请写出制图步骤）

○ 任务小结（请写出你所用到的命令和制作体验）

专业实训篇

项目 5　UI 设计制作

扫一扫，看微课

扫一扫，看微课

教学目的及要求

通过本项目的学习，学生能认识到 UI 设计的重要性，能利用 Photoshop 独立完成手机 UI 图标、手机界面的设计和制作。本项目通过设计制作传统春节主题图标、音乐 App 播放界面、祁连山扁平化图标、党课学习主题 App 开屏界面以及写实时钟图标，引导学生关注自身发展，珍惜时间，传递正能量，继承和弘扬中华传统文化，提高学生的审美能力，从而不断适应本职位的岗位能力要求和素质要求。

教学导航

技能重点	（1）形状工具；（2）钢笔工具；（3）路径编辑；（4）文字工具；（5）图层样式
技能难点	（1）形状工具；（2）钢笔工具
推荐教学方式	根据专业需要选择任务，任务 5.1 和 5.2 有详细步骤，任务 5.1 建议教师详细示范，任务 5.2 建议教师指导学生完成；任务 5.3 和 5.4 提供了制作思路，建议教师通过对制作步骤的分析引导学生完成任务，需要注意的是，任务 5.4 加入了设计的内容，教师要做好讲解、引导，以此来提升学生的技术和审美的综合素养；技能训练是一个开放性的任务，可根据学情调整，培养学生熟练掌握软件的技能、提高审美能力、提高梳理工作方法的能力。另外任务中的思政要素，教师应润物细无声地融入教学中讲解
建议课时	每个任务 2 课时，项目简介建议教师根据所教专业增加或减少讲解内容，融入任务中讲解
推荐学习方法	在学习过程中，掌握正确的方法就能够事半功倍，而且进步神速。掌握 App 界面的设计流程和设计方法，并能够分析优秀设计作品，从而将经验运用于自己的设计实践中。 最终决定作品的，除技术上的操作外，更多的是我们自己的审美水平和想法，这也对应着岗位要求和职业发展规律，因此要提升自己的审美水平，应该多欣赏优秀作品，思考其设计理念和思维方式，跟随教师的示范引导，结合自身专业特点，可从任务实操入手，也可从知识点、技能点入手

项目简介

1. UI 的概念及应用

UI 的本意是用户界面，是英文 User Interface 的缩写。UI 设计指的是对软件的人机交互、操作逻辑和界面美观的整体设计。UI 应用范围非常广泛，手机 App、网站页面、游戏操作、播放器界面等都会用到 UI 设计，UI 设计已经渗透到我们生活中的各个方面。

UI 设计主要分为手机 UI 设计、网页 UI 设计和游戏 UI 设计等，不同类型的界面设计风格和特点各不相同，下面介绍主要 UI 设计的概念。

1）手机 UI 设计

如今，手机已经成为普通大众的生活必需品，而手机的功能也越来越先进，越来越完善，甚至手机性能可以和电脑相媲美。手机 UI 设计最大的要求就是人性化，不仅要便于用户操作，还要美观大方。

2）网页 UI 设计

近年来，随着电子商务的飞速发展，网页 UI 设计行业也在快速崛起。从最早的纯文本网页到版式简单、配色单调的网页，再到现在配色新奇、版式多元化的网页，网页 UI 设计得到了很大发展。网页 UI 设计要求具有独立性和创意性，能够最大限度地方便用户检索信息，从而提升用户的操作体验。

3）软件 UI 设计

用户使用软件，主要通过软件界面的操作，与机器设备进行交流，为了方便用户使用，软件 UI 设计应该做到简洁美观、易于操作。

4）播放器 UI 设计

如今，市场上的音乐播放器软件各式各样，体验者们不再局限于软件的功能，更对软件的设计风格有更高的追求。

5）游戏 UI 设计

对于前面提到的几种 UI 设计，游戏 UI 设计在呈现上会更加绚丽多彩、主题鲜明，三维效果运用广泛，具有很强的视觉冲击力和震撼力。

2. UI 的设计原则

由于网站类型不同，用户需求也不同，作为 UI 设计人员，设计的作品可能会有很大差别。

随着人们审美观念的提高，对 UI 设计的要求也越来越高，好的 UI 设计作品不仅有个性、有品质，还能使软件的操作变得更合理、更规范。随着信息技术的高速发展，人们对信息的需求量不断增加，UI 设计也变得越来越重要，图形界面的设计也越来越多样化。

UI 的视觉设计和用户体验是相辅相成的，好的 UI 设计可以吸引用户，而优秀的用户体验则可以留住用户。所以，用户体验在 UI 设计中非常重要，要注意"以客户为中心"的设计理念，不断提高自己的设计敏感度和逻辑思维能力。一般来说，UI 设计原则都是基于人类心理学的，如人们如何感知、学习、推理、记忆，以及将意图转换为行动，UI 设计示例如图 5-0-1 所示。

UI 的设计原则主要有以下 4 个。

1）图形要简洁

人脑不是电脑，在进行 UI 设计时必须要考虑人类大脑处理信息的限度。UI 设计力求简洁是为了使用户便于操作、便于识别并能减少用户在使用时发生误操作的可能性，在满足简洁性的同时，还应注意界面排列的舒适度。

图 5-0-1　UI 设计示例

2）一致性

一致性是每一个优秀界面都具备的基本特点。它不仅要求图标和界面的风格一致，还要求界面内部结构的统一，更要求功能操作上的感受一致。一致性对于用户快速上手并决定是否持续使用有很重要的作用。

3）从用户角度考虑

用户总是按照他们自己的方法理解和操作。在设计界面时，必须符合一般用户的逻辑思维和习惯，可以通过已掌握的知识来拓宽界面的设计思路，但不应超出一般常识。要真正做到"想客户之所想，做客户之所做"。

4）人性化

高效率和用户满意度是人性化的体现。例如，用户可依据自己的习惯定制界面，并能保存设置；用户能自由地做出选择，并且所有选择都是可逆的；在用户做出危险选择时应有提示。

任务 5.1　传统春节主题图标设计制作

 任务描述

小思想要设计制作一个具有春节特色的拟物化图标作为自己的手机 UI 图标，应该从哪里入手呢？本任务要求绘制一个传统春节主题的扁平化相机图标，如图 5-1-1 所示。除使用春节喜庆热闹的元素外，还应注意设计的创意性，传递正能量，增强用户的情感认知。

图 5-1-1　传统春节主题的扁平化相机图标

 任务分析

本任务将按照 UI 设计制作的基本思路，以图标的标准制作环节为核心进行分析。

序号	关键步骤	注意事项（技术+审美）
1	启动 Photoshop 并新建文件	掌握启动 Photoshop 和新建文件的方法
2	绘制圆角矩形	掌握使用钢笔工具绘制图形的方法，熟练调整矢量图形的属性
3	制作春节主题 UI 图标	（1）技术方面：熟练掌握图层样式、剪切蒙版的操作方法。 （2）审美方面：发掘学习中国传统节日主题的配色与风格，自觉运用于设计作品中
4	添加文字	掌握添加图层样式工具和文字工具的方法
5	保存 UI 图形	掌握存储图片格式的方法
6	保存文件	掌握保存文件的方法

任务实施

拟物化图标注重对实物材质、质感及各种细节的真实模拟，在绘制图标渐变厚度时，应注意调整形状的渐变参数。

步骤 1：启动 Photoshop，新建文件，选择"圆角矩形工具"，绘制一个圆角矩形，大小为 800 像素×800 像素，角度为 120°，如图 5-1-2 所示。

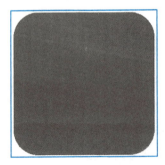

图 5-1-2　圆角矩形

步骤 2：在属性面板中设置形状填充类型为"渐变"，无描边，指定渐变样式为"线性"，旋转渐变 180 度，单击"渐变编辑器"【图 5-1-3（左）框出位置】，弹出"渐变编辑器"面板，设置渐变颜色（色值为#ba7b7a 和#ede5d4），在"渐变编辑器"面板中设置 9 个色标（位置分别为 5%，12%，18%，53%，82%，88%，91%，95%），设置如图 5-1-3 所示，效果如图 5-1-4 所示。

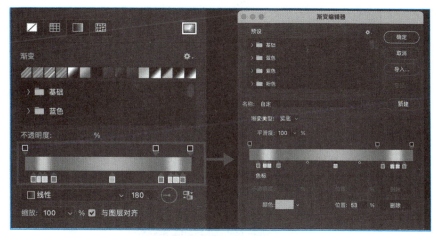

图 5-1-3　"渐变编辑器"面板

图 5-1-4　添加明暗变化后的圆角矩形

步骤 3：复制圆角矩形 1，得到"圆角矩形 1 拷贝"图层，在属性面板中设置形状填充类型为"纯色"，填充为白色（R255，G255，B255），如图 5-1-5 所示。

步骤 4：使用"路径选择工具" 选中 4 个锚点，按 Shift+"↓"组合键向下移动 70px，如图 5-1-6 所示。

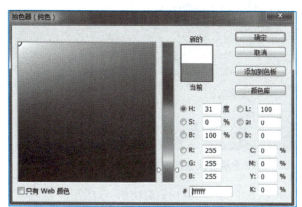

图 5-1-5　填充颜色

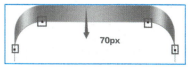

图 5-1-6　向下移动

步骤 5：复制图层，在属性面板中设置形状填充为"白色"，设置渐变色为"描边"，大小为"14 像素"，渐变样式选择"线性"，旋转渐变为 90 度，如图 5-1-7 所示。

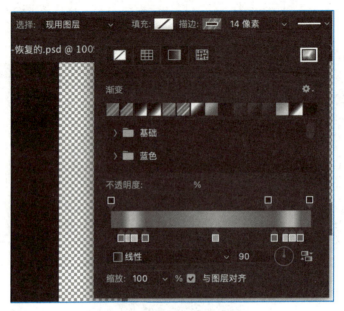

图 5-1-7 添加渐变色"描边"

步骤 6：在"图层"面板中单击"添加图层样式" ![fx] 按钮，弹出"图层样式"对话框，添加"外发光"样式，参数设置如图 5-1-8 所示。

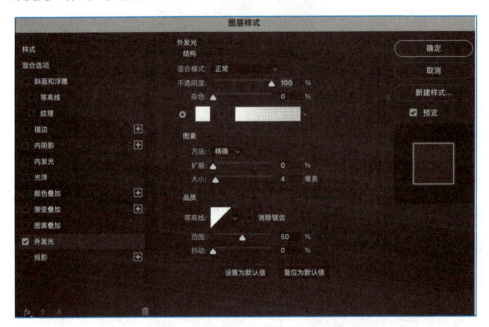

图 5-1-8 圆角矩形图层样式参数设置

步骤 7：选择"矩形工具" ，设置颜色值（R218，G188，B157），绘制矩形，如图 5-1-9 所示。

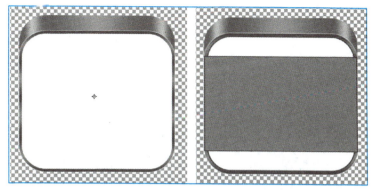

图 5-1-9 绘制矩形

步骤 8：按 Ctrl+Alt+G 组合键创建剪贴蒙版，将矩形剪切进圆角矩形里。选择"钢笔工具" ，绘制不规则图形（颜色值为 R205，G163，B120），重复上述操作，创建剪切蒙版，如图 5-1-10 所示。在"图层"面板中单击"添加图层样式"按钮，调出"图层样式"对话框，将"图层混合"模式设置为"叠加"。

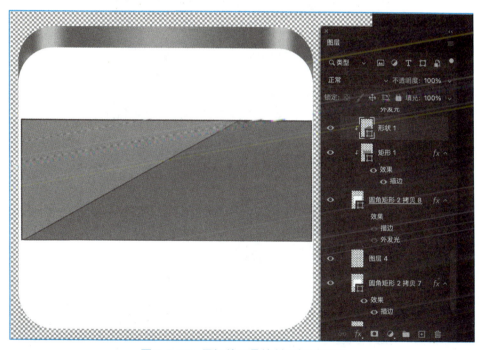

图 5-1-10 用钢笔工具绘制不规则图形

步骤 9：打开素材图片文件，选择提供的中国结素材图片，调整至画布中合适位置。选择"横排文字工具" ，输入文字"春节快乐"，注意中间留空，字体大小设置为 80，行间距设置为 52 点，在"字符"面板中设置字体为"隶变一简"。

步骤 10：选择"椭圆工具" ，绘制一个 106 像素直径的正圆（颜色值为 R38，G38，B38）。在同一位置绘制一个直径为 68 像素的正圆（颜色值为 R100，G100，B100），在"图层"面板中单击"添加图层样式"按钮，添加"斜面和浮雕""内阴影""内发光""光泽"效果，参数设置如图 5-1-11 所示。在同一位置绘制直径为 40 像素的正圆（颜色值为 R37，G31，B187），重复上述步骤，添加"斜面和浮雕""描边""外发光"图层样式，参数设置如图 5-1-

12 所示。绘制直径为 9.8 像素的正圆（颜色值为 R238，G147，B250），添加"外发光"图层样式，如图 5-1-13 所示，将其不透明度设置为 100%。绘制一个直径为 9.8 像素的正圆（颜色值为 R64，G50，B31），为其添加"外发光"图层样式，如图 5-1-14 所示。调整每个圆的位置，效果如图 5-1-15 所示。

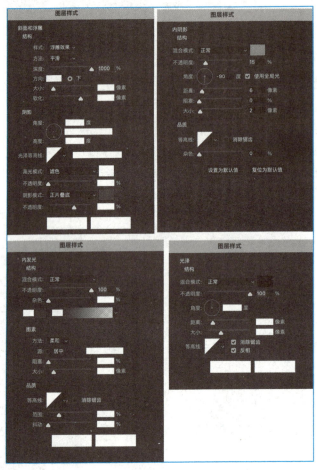

图 5-1-11　第二个圆图层样式参数设置

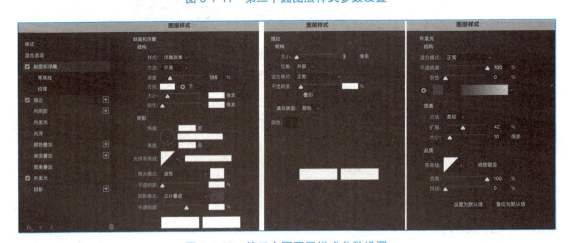

图 5-1-12　第三个圆图层样式参数设置

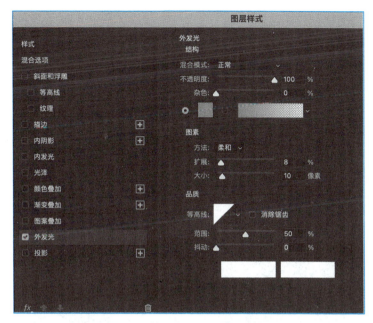

图 5-1-13　第四个圆图层样式参数设置

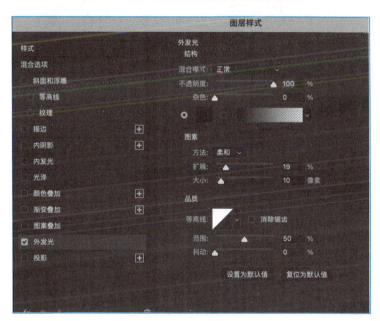

图 5-1-14　第五个圆图层样式参数设置

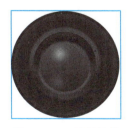

图 5-1-15　绘制镜头

步骤 11：绘制闪光灯和按键。

在工具面板中选择"圆角矩形工具"，绘制一个 129 像素×40 像素的圆角矩形，在属性面板中设置填充方式为渐变，自行设置色标数值与位置。在"图层"面板中单击"添加图层样式"按钮，选择"投影"复选框，参数设置如图 5-1-16 所示。按照同样步骤绘制按键，如图 5-1-17 所示。

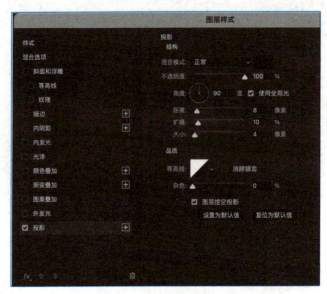

图 5-1-16　圆角矩形图层样式参数设置

图 5-1-17　绘制按键

步骤 12：按 Ctrl+S 组合键，保存源文件，导出为 png 格式。

 任务小结

在本任务中，我们制作了一个美观大方的拟物化春节主题的图标，主要涉及的知识技能点有圆角矩形工具、路径选择工具、椭圆工具、钢笔工具和图层样式等的使用方法。

项目 5　UI 设计制作

任务 5.2　音乐 App 播放界面设计制作

任务描述

小思听音乐的时候，感觉播放音乐的 App 界面有些混乱，突发奇想，他想设计一款适合自己的音乐播放器界面。本任务用 Photoshop 来设计一款 Android 系统的音乐 App 播放界面，用色彩的多样性来表现软件的特色，表现青春活力。音乐 App 播放界面设计效果如图 5-2-1 所示。

图 5-2-1　音乐 App 播放界面设计效果

任务分析

本任务将使用图层样式、多边形工具、矩形工具、横排文本工具来设计音乐 App 播放界面，按照 UI 设计的基本思路，以界面设计的标准制图环节为核心来分析。

序号	关键步骤	注意事项（技术+审美）
1	打开 Photoshop	掌握打开 Photoshop 的方法
2	新建文件	掌握文件大小、分辨率、颜色模式的设置方法
3	置入素材图片	置入主要背景图片并添加图层样式
4	制作音乐 App 播放界面	（1）技术方面：掌握使用形状工具绘制界面信息栏的方法，并能熟练添加图层样式，熟练掌握横排文本工具的使用方法，并能够准确绘制参考线。 （2）审美方面：本任务作品属于扁平化风格，学习扁平化风格的设计方法，体会极简主义美学并将其运用到设计作品中

续表

序号	关键步骤	注意事项（技术+审美）
5	保存标志图形	掌握自定义图形设置的方法
6	保存文件	掌握保存文件的方法

任务实施

步骤 1：在菜单栏中单击"文件"→"新建"命令，也可以使用 Ctrl+N 组合键，新建一个 psd 文档。尺寸为 1080 像素×1920 像素，分辨率为 72，颜色模式为 RGB 模式，背景色默认为白色，如图 5-2-2 所示。接下来打开本项目素材图 001，把它拖入画布中。

步骤 2：选中图层 1，单击图层底部的"添加图层样式"按钮（也可以使用快捷操作，即直接双击这个图层，就会弹出"图层样式"对话框），在"图层样式"对话框中选择"颜色叠加"复选框，如图 5-2-3 所示设置参数，选择"混合模式"为"正常""黑色"，"不透明度"为"10%"；再选择"投影"复选框，设置"混合方式"为"正片叠底""黑色"，"不透明度"为"35%"，"角度"是"90 度"，"距离"为"3 像素"，"扩展"为"0%"，"大小"为"7 像素"，如图 5-2-4 所示。

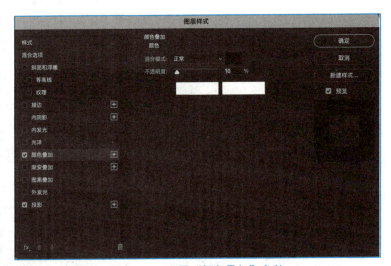

图 5-2-2　新建图像　　　　　　　　图 5-2-3　设置"颜色叠加"参数

步骤 3：在菜单栏中再次单击"文件"→"打开"命令，或者直接将本项目素材图 002 拖入画布中。单击工具面板中的"直线工具"，设置颜色为白色，线条粗细为 6 像素，在画布中创建一个尺寸为 54 像素×42 像素的直线线条，图层名称为"形状 1"。复制"形状 1"图层，得到"形状 1 副本"图层。复制"形状 1 副本"图层，得到"形状 1 副本 2"图层。调整"形状 1""形状 1 副本""形状 1 副本 2"图层的位置，如图 5-2-5 所示，单击工具面板中的"椭圆工具"，绘制一个 40 像素×40 像素的正圆，单击工具面板中的"直线工具"，绘制一个

48像素×6像素的矩形，调整位置，将正圆和矩形组合成"搜索"图标，如图5-2-5所示。

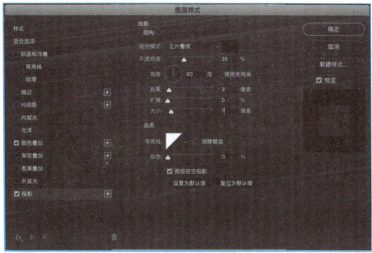

图5-2-4　设置"投影"参数

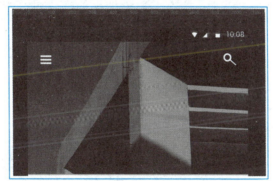

图5-2-5　打开文件

步骤4：单击工具面板中的"矩形工具"，设置填充颜色为黑色，尺寸为1088像素×200像素，选中该图层，将"不透明度"设置为"25%"，如图5-2-6所示。

图5-2-6　设置矩形参数

步骤 5：单击工具面板中的"横排文本工具" ，打开"字符"面板，选择字体为"黑体"，字符为 42 点，在画布中输入我们需要的歌词"Remember me though I have to say goodbye，Remember me Don't let it make you cry"，然后使用相同的方法完成播放进度计时"-03:02"文字的输入，如图 5-2-7 所示。

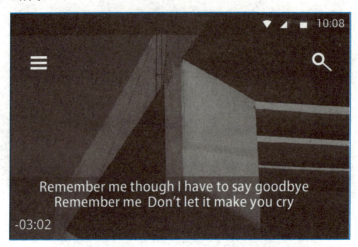

图 5-2-7　输入歌词及播放进度计时

步骤 6：接下来单击工具面板中的"直线工具"，设置颜色为白色，设置线条粗细为 3 像素，在画布中绘制一条 628 像素×3 像素的直线，设置该图层的不透明度为 50%，如图 5-2-8 所示。

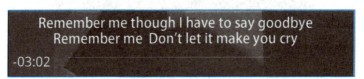

图 5-2-8　绘制直线

步骤 7：继续使用"直线工具"，设置填充颜色为 RGB（255，193，7），线条粗细为 19，在画布中绘制一条 346 像素×10 像素的直线。同样，单击工具面板中的"椭圆工具"，设置颜色为 RGB（255，87，34），按住 Shift 键，在画布中绘制一个 35 像素×35 像素的圆形作为播放进度条的标记，如图 5-2-9 所示。

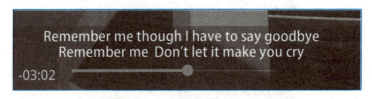

图 5-2-9　绘制图形

步骤 8：我们还需要整理一下相关图层，要养成良好的设计习惯。接下来绘制播放按钮，首先单击工具面板中的"椭圆工具"，设置颜色为 RGB 模式，数值为 R255、G87、B34，在画布中绘制一个 162 像素×162 像素的圆形。选中"椭圆 2"图层，单击"图层"面板底部的"添加图层样式"按钮，也可以直接双击这个图层，在弹出的"图层样式"对话框中选择"投影"

复选框，选择"正片叠底"效果，设置"不透明度"为"23%"，使用全局光，"距离"为"6像素"，"扩展"为"0"，"大小"为"16像素"。再单击工具面板的"多边形工具" ，绘制一个白色的三角形，大小为70像素×78像素。按钮效果如图5-2-10所示。

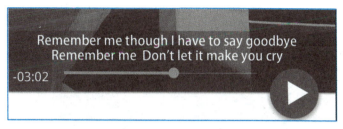

图 5-2-10　按钮效果

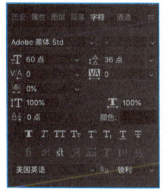

图 5-2-11　"字符"面板

步骤 9：单击工具面板中的"横排文本工具"，打开"字符"面板，按照图 5-2-11 所示，设置字体为"Adobe 黑体 Std"，字号为"60 点"，行间距为"36 点"，"颜色"为"黑色"。然后在画布中输入"歌曲列表"4 个字，如图 5-2-12 所示。

步骤 10：在菜单栏中单击"视图"→"显示标尺"命令，在垂直方向的 800 像素、1264 像素、1294 像素、1758 像素位置拖出参考线，在水平方向的 520 像素和 568 像素位置，拖出两条参考线（或者单击"视图"→"新建参考线"命令，输入数值）。单击工具面板中的"矩形工具"，在画布的方格处绘制任意颜色的矩形，如图 5-2-12 所示。

图 5-2-12　显示标尺

步骤 11：选择"矩形 3"图层，单击"图层"面板底部的"添加图层样式"按钮，在弹出的"图层样式"对话框中选择"投影"复选框,设置"混合模式"为"正片叠底","不透明度"为"35%","角度"为"90度","距离"为"3像素","扩展"为"0%","大小"为"7像素"。然后将本项目素材图003拖入画布中,调整位置后,为该图层创建剪贴蒙版。再选择"横排文本工具",设置字符为"72点",行间距为"36点","颜色"为"白色",输入歌曲名,再用相同的方法完成其他文字的输入,完成第一个音乐封面展示部分。

步骤12: 使用相同的方法完成其他音乐封面展示内容的制作,效果如图5-2-13所示。

图5-2-13 音乐封面展示图

步骤13: 单击工具面板中的"矩形工具",在画布的底部创建黑色的矩形,尺寸为1116像素×160像素。单击工具面板中的"椭圆工具",设置描边大小为7.2像素,描边颜色为白色,在刚刚绘制的黑色矩形中创建60像素×60像素大小的圆形。然后用相同的方法完成左边三角形和右边正方形的制作,效果如图5-2-14所示。

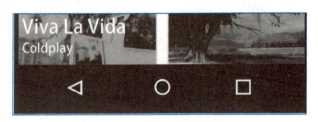

图5-2-14 播放按钮效果

最后导出图片为 jpg 格式，这样就完成了这款音乐 App 播放界面的设计制作，如图 5-2-15 所示。

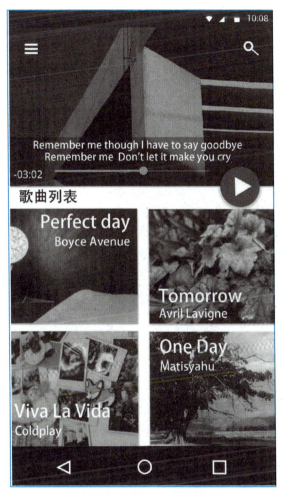

图 5-2-15　音乐 App 播放界面

任务小结

在本任务中，我们用 Photoshop 设计了一款 Android 系统下的音乐 App 播放界面，涉及的知识点有：新建命令、图层样式、多边形工具、矩形工具、横排文本工具，应在课后多多练习。

任务 5.3　祁连山扁平化图标设计制作

 **任务描述**

小思已经学会了绘制写实风格的 UI 图标，那么更简易的扁平化 UI 图标，他也想尝试一下。本任务为使用圆角矩形工具绘制图标框，使用钢笔工具根据祁连山照片绘制出山脉部分，使用直接选择工具选择山脉拐角的锚点并调整图形。要求最终效果简洁大方，应注意体现祁连山的山脉走向，不断调整线条圆润度，从而体现我国山河地貌的雄伟。如图 5-3-1 所示。

图 5-3-1　祁连山及基础图标

任务分析

序号	关键步骤	注意事项（技术+审美）
1	新建文件	熟练掌握新建文件的方法，探索使用多种方法新建文件，如使用 Ctrl+N 组合键，或者从菜单栏调用"新建"命令
2	置入祁连山素材图片	掌握置入素材图片及调整图片大小位置的方法
3	绘制祁连山山脉	（1）技术方面：掌握使用钢笔工具绘制矩形、增删锚点、转换工具的方法。 （2）审美方面：不断调整线条圆润度，通过对线条构图、大小和位置的调整，体现我国山河地貌的雄伟
4	保存文件	熟练掌握保存文件的方法，探索使用多种方法保存文件

任务实施（请写出制图步骤）

项目 5 UI 设计制作

任务小结（请写出你所用到的命令和制作体验）

任务 5.4　党课学习主题 App 开屏界面设计制作

任务描述

每天都在学习时政新闻和党史知识的小思，为了方便学习和记录个人学习成果，计划设计制作一个党课学习主题的 App 开屏界面，如图 5-4-1 所示。本任务首先使用文字工具制作界面的文字部分，再置入素材图片，进行位置调整。要求界面简洁直观、栏目清晰，要在设计制作中学习专业技能，体现文字排版的美感，推动全员崇尚学习、自觉学习、强化学习，为"中国梦"的实现奠定更坚实的基础。

图 5-4-1　党课学习主题 App 开屏界面

任务分析

序号	关键步骤	注意事项（技术+审美）
1	新建画布	准确创建画布
2	制作开屏界面	（1）技术方面：熟练掌握文字工具，并能准确调整字号、行间距、字间距；熟练掌握使用钢笔工具绘制异形图案的方法。 （2）审美方面：对"学而时习之，不亦说乎"这句话尝试用多种字体搭配，思考不同字体适用的不同场景
3	保存文件	使用多种方法保存文件

项目 5　UI 设计制作

任务实施（请写出制图步骤）

任务小结（请写出你所用到的命令和制作体验）

技能训练　写实时钟图标设计制作

任务描述

小思的 UI 设计之路渐入佳境，一天清晨，他看到自己手机中的闹钟 UI，不禁想要重新设计一个自己喜欢的写实时钟图标。

本任务为设计一个写实风格的时钟图标，要求在设计中要多加思考如何体现出时间宝贵的理念，以激发使用者珍惜时间，努力学习。

任务分析

序号	关键步骤	注意事项（技术+审美）

任务实施（请写出制图步骤）

任务小结（请写出你所用到的命令和制作体验）

项目 6　虚拟现实设计制作

教学目的及要求

Photoshop 中包含众多图像处理工具，本项目通过图像拼接的方法，绘制一个 360 度全景图像。通过对本项目的学习，可以了解 360 度全景图的拍摄设备及拍摄方法；学会使用 Photomerge 功能拼接图像；学会使用图像分割方法巧妙地消除边界，最终实现全景图制作并导入预览程序查看。

教学导航

技能重点	（1）Photomerge 命令；（2）分割图像到新图层；（3）图层蒙版的应用；（4）裁剪工具
技能难点	（1）分割图像到新图层；（2）图层蒙版的应用
推荐教学方式	根据专业需要选择任务，任务 6.1 有详细实施步骤，建议教师详细讲解，任务 6.2、6.3 建议教师根据详细步骤演示过程，指导学生完成；任务 6.4 建议教师做好讲解、引导，以此提升学生的技术和审美的综合素养；技能训练是一个开放性的任务，教师可根据学情调整，培养学生熟练掌握软件的技能、提高审美能力、提高梳理工作方法的能力。另外任务中的思政内容，教师应润物细无声地融入教学中
建议课时	每个任务 1 课时，项目简介建议教师根据所教专业要求增加或减少讲解内容，融入任务中讲解
推荐学习方法	实践操作是学习 Photoshop 的重要手段，提高审美是时代、社会、岗位的要求，学生要通过教师的示范、引导，根据自身特点，可从任务实操入手，也可从知识技能点入手。完成任务和技能训练，以此来提高技术能力和审美水平。技术方面勤练是关键，审美方面多看多体会优秀的设计作品是重点，提倡用真情实感去感知作品

项目简介

本项目运用 Photoshop 图像合成技术，将相机或手机拍摄的照片作为基础素材，打造一套完整的 360 度全景虚拟现实作品。该过程包括素材的收集整理，图像拼接、后期处理以及全景虚拟现实作品的输出。本项目不仅仅局限于拍摄硬件的运用，还涉及全景图像拼接等软件技术的学习与运用。最终成果将呈现为一款可以在计算机上运行的 360 度虚拟全景应用程序，用户可通过鼠标与键盘控制视角，享受沉浸式的虚拟现实体验。

任务 6.1 "360 度全景"虚拟现实设计实现

 任务描述

小思是一位年轻而充满激情的摄影师,一直以来,他对摄影和图像处理充满了浓厚的兴趣。最近,小思在听闻关于 360 度全景摄影的概念后,被它所吸引,决定尝试制作自己的全景项目。

然而,在动手之前,小思明智地意识到他需要进行一番思考和准备。首先,他需要一台合适的相机来拍摄全景图像。接下来,小思开始研究 Photoshop 的全景图像处理功能。要制作出无缝连接的全景图像,需要使用 Photoshop 的全景合并工具。另外,Photoshop 提供了强大的编辑工具,可以对图像进行调整、修复和增强。他计划学习如何使用 Photoshop 的调色板、修复工具和滤镜来改善全景图像的色彩和细节。

除此之外,小思还考虑了展示全景项目的方式。除将全景图像导出为图像文件外,还可以将其制作为交互式的全景虚拟现实(VR)体验。他决定研究如何使用 Photoshop 来创建这样的 VR 作品,并将其展示给观众。

在整个思考过程中,小思充分意识到这个项目需要耐心和实践。他知道学习和掌握 Photoshop 的技巧需要时间和努力,但他对于挑战充满了热情。通过学习和实践,他能够制作出令人惊叹的 360 度全景项目,并向世界展示他的才华。

 任务分析

本任务将按照拍摄全景图的基本思路,严格遵循拍摄标准进行操作展示。

序号	关键步骤	注意事项(技术+审美)
1	通过手机或相机拍摄取材	(1)技术方面:根据现有条件选择拍摄设备,掌握手机全景图拍摄方法,选择合适的场景。 (2)审美方面:要求熟知光线的选择技巧与拍摄技巧,尝试发觉身边的美,并将其记录下来
2	合并处理素材照片	选择清晰的素材照片,利用 Photoshop 合并
3	图像二方连续制作	了解二方连续特点,利用 Photoshop 图层制作二方连续
4	导入 VR 软件	掌握 VR 软件的使用方法

任务实施

1. 通过手机或相机拍摄取材

1)智能手机拍摄

随着科技的发展,移动设备也在不断地升级,如今大部分 Android 和 iOS 手机上都有全景拍摄的功能(如图 6-1-1 所示),并且使用简单,拍照效果也能满足一般的制作要求。

当我们发现身边美好的景色或事物时,往往拿出手机或相机将这美好记录下来。然而,常常有些遗憾,因为无法一次性将这一切尽收眼底。这时,我们可以尝试利用全景拍摄的技巧,将周围所有的景色捕捉下来。

项目 6　虚拟现实设计制作

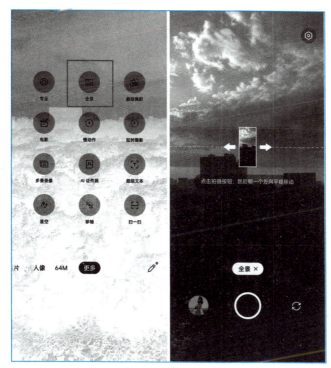

图 6-1-1　全景拍摄功能

在拍摄过程中，为了保持稳定性，我们尽可能使用云台或者三脚架。单击拍摄按钮后，摇动云台平稳旋转，直到屏幕下方矩形框填满影像。但我们发现很多相机是无法将一周拍摄完的，我们需要在不同的角度多次拍摄，以达到覆盖全部影像的目的。

使用手机拍摄时要注意的事项：
（1）尽量在光线充足的情况下拍摄；
（2）保证手机旋转时的稳定性，减少抖动；
（3）保证拍摄连续多张全景照片时，相机的高度尽可能一致；
（4）确保拍摄的影像覆盖 360 度。

手机拍摄的全景照片是不可以直接使用的，需要将多张全景照片通过技术手段连接在一起才可以。

2）单反相机拍摄

单反相机虽然不及智能手机功能强大，但是单反相机的成像和感光是智能手机无法比拟的。

我们在实际拍摄时，连续拍摄一周不同角度照片。不要漏掉任何一个角度，保证连续性，全景图拍摄原理如图 6-1-2 所示。

因为镜头在旋转时画面会因为透视而变形，所以尽可能保证连续两张照片有重叠部分，如图 6-1-3 所示，以保证拼接时有足够的画面空间。理论上要保证 30% 以上的重叠率，才可以达到良好的拼接效果。

2. 合并处理素材照片

步骤 1：使用 Photoshop 中的 Photomerge 命令拼接图像。在菜单栏中单击"文件"→"自动"→"Photomerge"命令，如图 6-1-4 所示，打开"Photomerge"对话框，如图 6-1-5 所示。

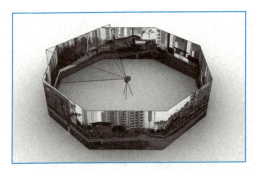

图 6-1-2　全景图拍摄原理

（a）照片 A　　　　　　　　　　　　（b）照片 B

图 6-1-3　照片的重叠部分

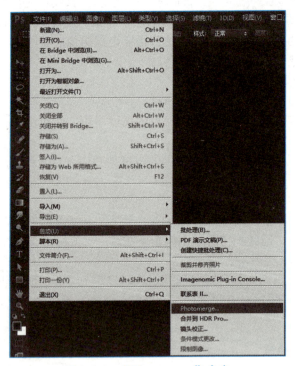

图 6-1-4　"Photomerge" 命令

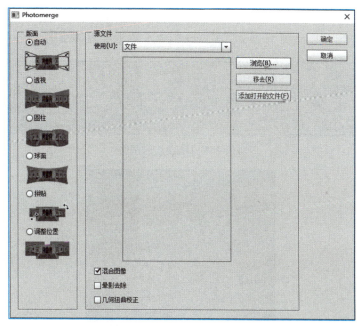

图 6-1-5 "Photomerge"对话框

步骤 2：单击"浏览"按钮，选中拍摄好的所有照片，如图 6-1-6 所示。随后单击"确定"按钮进行自动拼接操作。此过程需要一段时间，依据计算机的 CPU 速度和拍摄照片的数量不同处理速度也不同。

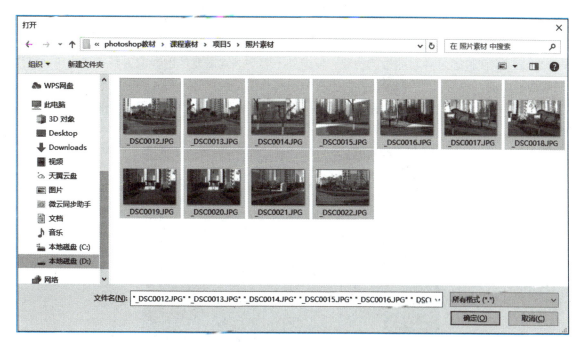

图 6-1-6 选中拍摄好的所有照片

步骤 3：处理完成后，我们得到了一张拼接好并且很长的图像，如图 6-1-7 所示。在"图层"面板中可以看到与照片文件相同数量、相同名称的图层，每一个图层上都包含一个蒙版层,如图 6-1-8 所示。这些蒙版是拼接时自动生成的,用来与其他图像进行拼接。如果自动拼接的图像有瑕疵,也可以通过手动绘制和修改蒙版来达到修复的目的。

图 6-1-7　拼接后的图像

图 6-1-8　自动拼接后的图层

步骤 4:我们通过观察图像的边缘,发现并不整齐,就需要使用裁剪工具处理边缘。单击工具面板中的"裁剪工具" ,再调整视图中的裁剪边缘,将不整齐部分裁剪掉,如图 6-1-9 所示。最后按 Enter 键确定和应用裁剪,我们就得到一张整齐且拼接好的图像了,如图 6-1-10 所示。这时就可以通过保存命令保存图像。

图 6-1-9　裁剪图像

图 6-1-10 完整的拼接图像

3. 图像二方连续制作

图像的左侧和右侧边缘不能连续起来,这样在最终的显示结果中会出现明显的接缝,导致全景图像不美观、不完整。我们通过图像二方连续的制作方法,将图像的左右边缘进行拼接,达到消除接缝的目的。

步骤 1:首先,需要将图层合并。在"图层"面板中单击"菜单"按钮,在弹出的快捷菜单中选择"合并可见图层"命令,如图 6-1-11 所示,合并所有可见图层到一个图层中。

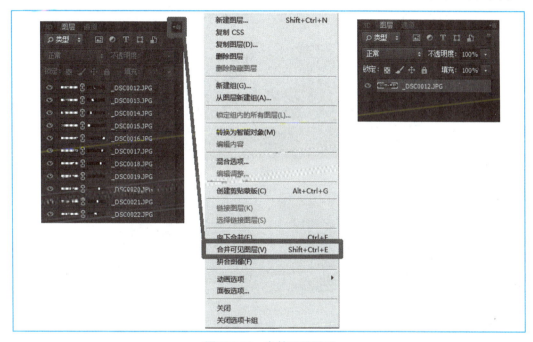

图 6-1-11 合并可见图层

步骤 2:将图片左右进行分割,并移动位置。分割时可以在图像的任意位置,将左右两部分放在不同的图层,便于对位和拼接,如图 6-1-12 所示。

图 6-1-12 分割图片

选中图像中的一部分,按 Ctrl+X 组合键或在菜单栏中单击"编辑"→"剪切"命令进行剪切，接着按 Ctrl+V 组合键或在菜单栏中单击"编辑"→"粘贴"命令将图像粘贴到新图层，如图 6-1-13 所示。

图 6-1-13 分割后的图层

步骤 3：我们将"图层 1"中的图像向左移动，尽可能根据画面中的景物将画面对齐，不用考虑颜色是否接近，如图 6-1-14 所示。

图 6-1-14 图像对位

步骤 4：修复明显的接缝，可以通过创建蒙版层的方法进行修复。在菜单栏中单击"图层"→"图层蒙版"→"显示全部"命令，为"图层 1"增加蒙版，如图 6-1-15 所示。

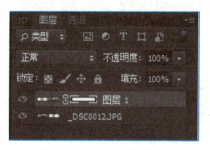

图 6-1-15 创建蒙版层

步骤 5：此时可以使用"画笔工具"编辑蒙版层。黑色是隐藏图像，白色是显示图像，灰度是半透明，对"图层1"的图像边缘进行擦除。最好使用"柔边笔刷工具"，可以轻松去掉图像的接缝，如图 6-1-16 所示。

图 6-1-16　去掉接缝

步骤 6：观察整体图像，右侧出现空白区域，如图 6-1-17 所示，这些区域是没有意义的，需要去掉。

图 6-1-17　右侧出现空白区域

步骤 7：在菜单栏中单击"图像"→"裁切"命令，如图 6-1-18 所示，随后在弹出的"裁切"对话框中单击"确定"按钮，可以自动将空白区域删除。最后得到完整全景图像，如图 6-1-19 所示，便可以执行保存操作了。

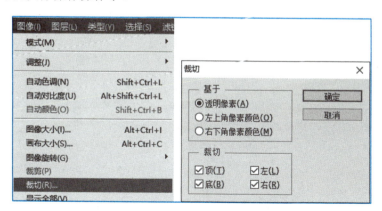

图 6-1-18　"裁切"命令及"裁切"对话框

图 6-1-19　最终完成的全景图像

4. 导入 VR 软件

制作好全景图像后，需要对其进行测试，观察是否有问题。目前有很多软件能呈现全景图，如 pano2vr 等，也可以通过一些图像引擎自己编写程序实现，如 Animate、Unity3D、UE4 等。本书提供了一款使用 Unity 编写的本地应用程序，如图 6-1-20 所示，来预览全景图像。

图 6-1-20　使用 Unity 编写的本地应用程序

步骤 1：图 6-1-20 中 360Project_book.exe 为主程序，360Project_book_Data 为素材文件目录。index.jpg 文件为全景图像，我们需要替换素材文件，就可以预览了。这里要注意以下两点：

（1）保证 360Project_book.exe、360Project_book_Data 在同一目录下；

（2）360Project_book.exe、360Project_book_Data 以及其中的 index.jpg 的文件名不可以更换。

步骤 2：保存全景图像时使用 JPEG 文件格式，如图 6-1-21 所示。

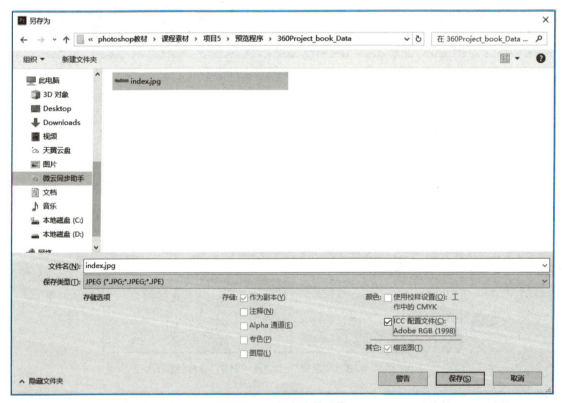

图 6-1-21　保存全景图像

步骤 3：JPEG 图像的宽高比为 5∶1，如 15000 像素×3000 像素，最终展示效果如图 6-1-22 所示。

图 6-1-22　最终展示效果

任务小结

在本任务中，我们用到了 Photoshop 的 Photomerge 命令、图层操作命令、图层蒙版、裁剪工具、图像分割方法等，并将全景图像导入 VR 全景程序中展示。

任务 6.2 "720 度全景"虚拟现实设计实现

"720 度全景"虚拟现实是视角超过人的正常视角的图像,顾名思义就是给人以三维立体感觉的实景 720 度全方位图像。720 度全景虚拟现实可以在模拟的环境中任意旋转镜头,不光是左右旋转,上下旋转也可以实现,比 360 度全景更灵活,视角更广,沉浸感体验更强烈。

 任务描述

最近小思有幸拍摄到了一组令人惊叹的全景照片,但他觉得还可以进一步通过 Photoshop 的修图功能提升效果。

首先,小思需要对全景照片进行色彩、对比度和细节的调整,使它们更加生动和引人注目。Photoshop 提供了强大的调整工具,如色阶、曲线和震动,可以帮助他实现这些修改。其次,小思还计划在全景照片上进行局部修复和改进。他在醒目的位置增加一些文字和提示,或增加一首古诗,让全景照片看起来更有意境。他使用 Photoshop 的修复工具,如修复画笔,来消除细小的缺陷和杂物,使全景照片更加完美。

 任务分析

序号	关键步骤	注意事项(技术+审美)
1	整理素材照片及拍摄 720 度全景照片	掌握 720 度全景素材照片的收集整理方法
2	在 Photoshop 中导入全景照片并配置环境	(1)技术方面:了解 720 度全景的工作原理,为后期学习与制作夯实理论基础。 (2)审美方面:注意观察素材图片的色彩、对比度
3	在三维空间中绘图	了解三维空间绘图技巧
4	导入 VR 软件	了解常用的 VR 软件

 任务实施

1. 整理素材照片及拍摄 720 度全景照片

本书素材包中包含的素材文件,如图 6-2-1 所示。

图 6-2-1 素材文件

720 度全景图预览程序,内部包含一个可执行程序(exe)和一个素材文件夹,素材文件夹内存放 index.jpg 图像文件,这就是我们需要替换的全景图像。可执行程序无须操作,只需要我们替换全景图像后运行即可。

Sphere.obj：三维球体模型。全景图原理即将图像贴于球体表面，将摄影机放入球体中观察所得。在制作和修改全景图时，需要这个三维模型来承载图像。

全景图.jpg：全景图素材，这是一张拍摄好的全景图素材照片，我们在这张照片上进行修改，得到最终的全景图文件，并加载到预览程序中完成全景虚拟现实的制作。

1）720度全景原理

720度全景，就是一个球形贴图，而虚拟摄影机在球形内部拍摄和观看，如图6-2-2所示，让体验者仿佛进入另一个世界。承载球形贴图的是一个三维的圆球体模型，将准备好的全景图贴敷在模型表面，720全景就完成了。这里关于程序方面的内容不做说明，我们可以使用素材包中的预览程序承载我们制作的全景图。

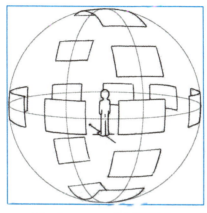

图6-2-2　720度全景图原理

2）拍摄设备

拍摄全景照片，首选全景相机，如图6-2-3所示，全景相机是一种特殊类型的相机，专门用于拍摄全景照片。它能够在一次拍摄中捕捉到整个场景，并将其组合成一个连续、无缝的全景图像。

全景相机通常配备了高像素的图像传感器，以捕捉更多的细节和色彩信息。一些高端的全景相机还具有HDR（高动态范围）功能，可以在拍摄过程中同时捕捉多张不同曝光的照片，并将它们合并在一起，以实现更广泛的动态范围和更好的图像质量。

除硬件上的特点外，全景相机通常还配备了专门的软件来处理和合成全景照片。这些软件可以帮助用户将多个拍摄的照片进行拼接、对齐和校正，以生成无缝连接的全景图像。一些全景相机甚至提供了直接导出全景图像到虚拟现实（VR）格式的功能，使用户可以轻松地创建沉浸式的VR体验。

全景相机适用于各种场景，包括自然风景、建筑物、室内空间等。它们提供了一种独特、引人注目的图像作品的方式，同时也为观众提供了更真实、沉浸式的观看体验。

总之，全景相机是一种专门用于拍摄全景照片的相机，通过多个镜头或特殊的广角镜头来捕捉整个场景，并结合软件处理和合成，生成连续、无缝的全景照片。它们为摄影爱好者和专业摄影师提供了一种创造精彩、令人惊叹的全景作品的工具。

图 6-2-3　全景相机

2. 在 Photoshop 导入全景照片并配置环境

Adobe 在 Photoshop CS4 版本中就已经加入了 3D 功能，并在之后的版本中更加完善。它为我们能在 Photoshop 中制作一些仿真图像创造了便利。同时，该功能在设计中的应用也越来越广泛。在全景图制作中 Photoshop 的 3D 功能也发挥了巨大作用。

步骤 1：我们需要查看 Photoshop 的菜单栏中是否存在"3D"菜单，如图 6-2-4 所示，确保安装的 Photoshop 是高于 CS4 版本的。

图 6-2-4　确认是否存在"3D"菜单

步骤 2：新建文件及导入三维模型。

先创建一个新文件，如图 6-2-5 所示，将宽度和高度分别设置为 1000 像素。然后，就可以用 Photoshop 打开本项目素材中的三维球体模型（Sphere.obj）了。

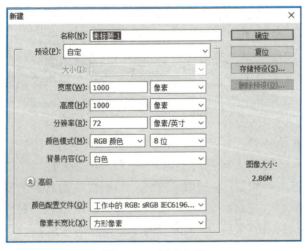

图 6-2-5　新建文件

项目 6　虚拟现实设计制作

步骤 3：在菜单栏中单击"3D"→"从文件新建 3D 图层"命令，找到三维球体模型 Sphere.obj 文件后单击，再单击"打开"按钮，如图 6-2-6 所示。

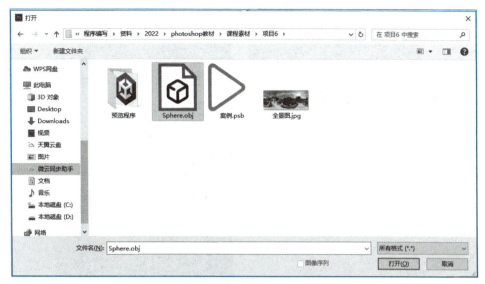

图 6-2-6　新建 3D 图层

此时，画布上已经呈现了一个三维的球体模型，如图 6-2-7 所示。

图 6-2-7　显示导入的模型

步骤 4：三维环境的属性设置。

Photoshop 三维环境中是包含灯光的，我们可以看到明显的光影。这些光影是不需要的，需要关掉。在 Photoshop 工作界面的右下角"3D"面板中选择"场景"选项，在属性面板中会显示关于场景的属性设置情况，将"表面"样式改为"未照亮的纹理"，如图 6-2-8 所示。

将全景图贴在球体表面是最重要的一个环节，这个操作并不复杂，我们需要找到三维球体的纹理贴图并打开它，将已有的全景图粘贴上去。

步骤 5：在 Photoshop 工作界面的右下角"图层"面板中三维球体图层的"漫射"下，有一个"wire_135006006 - 默认"纹理，双击，即可打开一个新的文件窗口，显示的是球体的 UVW 贴图坐标，如图 6-2-9 所示。

131

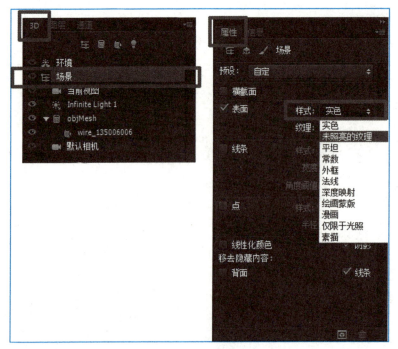

图 6-2-8　3D 场景设置

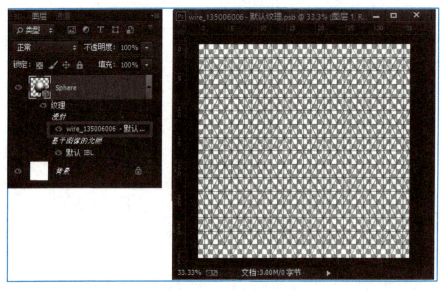

图 6-2-9　打开新的文件窗口

现在，我们需要把全景图放入这个文件中并保存，只是当前图像是个正方形，不符合全景图的比例，所以需要查看全景图的分辨率，使两者保持一致。

查看图像的分辨率，可以从文件的属性窗口中查看。全景图的分辨率为 3000 像素×1300 像素，如图 6-2-10 所示。

步骤 6：我们回到 Photoshop 工作界面中修改纹理图像的图像大小。在菜单栏中单击"图像"→"图像大小"命令，将宽度设置为"3000 像素"，高度设置为"1300 像素"，单击"确定"按钮，如图 6-2-11 所示。

项目 6　虚拟现实设计制作

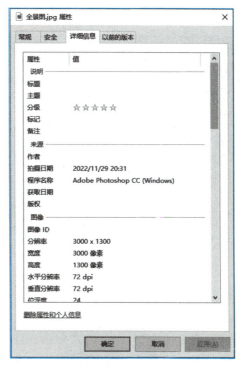

图 6-2-10　查看图像的分辨率

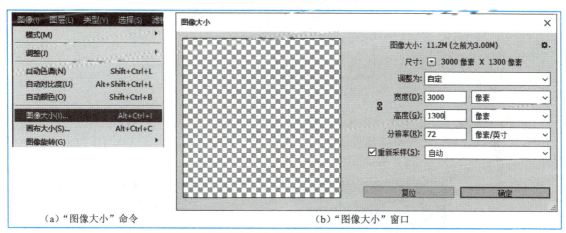

（a）"图像大小"命令　　　　　　　　　　　　（b）"图像大小"窗口

图 6-2-11　修改纹理图像的大小

步骤 7：将全景图粘贴进这个文件并按 Ctrl+S 组合键或通过单击"文件"菜单保存（这里要注意的是不能另存为）。

有些 Photoshop 默认不显示 UVW 贴图坐标（如图 6-2-12 所示），这并不影响，因为它只是起到辅助作用，并不会保存在图片中。

当我们做好上面的工作，就可以回到三维的文件中，可以看到三维的球体表面已经贴上全景图。

步骤 8：3D 相机位置调整。

此时画布上显示一个球体，如图 6-2-13 所示，还需要将视角放入球体中才能看到全景的效果。移动视角可以通过移动工具实现，但这样不准确也不好控制。我们通过属性面板的数

133

值调整，可以快速精准地调整视角和位置。

图 6-2-12　显示 UVW 网格

图 6-2-13　导入贴图后效果

在 3D 相机属性面板中将"视角"设置为"20"，可以将视角扩大，能看到更多的景物，如图 6-2-14（a）所示；在坐标属性面板中，将移动 Z 轴更改为"0"，这样 3D 相机会移动到球体中心，如图 6-2-14（b）所示。

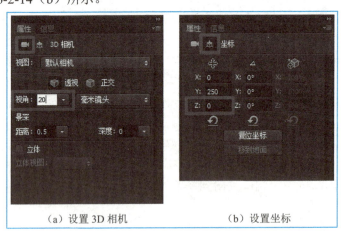

（a）设置 3D 相机　　　　　　（b）设置坐标

图 6-2-14　属性面板参数设置

想移动观察视角，可以使用工具面板中的"移动工具"，但是建议不移动物体，最好使用 Photoshop 工作界面左下角的"坐标系统"来旋转，如图 6-2-15 所示。

3. 在三维空间中绘图

步骤 1：通过"移动工具"，在画布中挑选一个绘制悬浮界面的位置，如图 6-2-16 所示，准备制作半透明"悬窗"。

图 6-2-15　旋转视角

图 6-2-16　选择位置

步骤 2：新建一个图层，使用"直排文字工具" T ，并输入如图 6-2-17（a）所示文字内容。"图层"面板中会自动创建一个文字图层，它与下面的"Sphere"图层暂时是没有联系的，如图 6-2-17（b）所示。

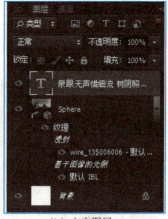

（a）文字内容　　　　　　　　（b）文字图层

图 6-2-17　新建文字图层并输入文字内容

步骤 3：在文字图层下方创建一个新的图层（图层 1），在这个图层中绘制一个白色的矩形，用来衬托文字。将新图层的"不透明度"调整为"64%"，再为这个图层增加"投影"效果，让白色的矩形看起来更有立体感，如图 6-2-18 所示。

图 6-2-18　设置新图层

此时不要急于旋转视角，因为当三维图层旋转视角时，包括文字图层在内的普通二维图层是不会一起旋转的。通过"向下合并"普通图层到三维图层上，图像就"印"在了全景图上。

步骤 4：如图 6-2-19 所示，在合并图层之前，在菜单栏中单击"3D"→"绘画系统"→"投影"命令，这样可以避免一些图层合并时产生的错误，也能使合并后图像更清晰。

步骤 5：双击"Sphere"图层中漫射纹理"wire_135006006-默认"，会在新窗口中打开漫射纹理文件，如图 6-2-20 所示。

步骤 6：在漫射纹理文件中新建一个空图层，主文件中合并到"Sphere"图层上的图像会贴在这个图层上，如图 6-2-21 所示。

项目 6　虚拟现实设计制作

图 6-2-19　更改绘画系统

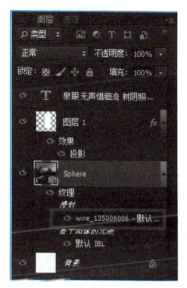

图 6-2-20　打开漫射纹理文件

图 6-2-21　新建空图层

步骤 7： 回到主文件，选择白色矩形图层（图层 1），单击图 6-2-22（a）中"菜单"按钮，在弹出的快捷菜单中选择"向下合并"命令，也可以使用 Ctrl+E 组合键。将白色矩形图层合并入"Sphere"图层，如图 6-2-22 所示。

步骤 8： 文字图层和一些有方向性的图案进行合并时，要进行"水平翻转"，否则最终得到的图像是左右颠倒的。因为我们是从三维球体的内部进行修改的，所以此时方向是翻转的。选择文字图层，在菜单栏中单击"编辑"→"变换"→"水平翻转"命令，如图 6-2-23 所示。

步骤 9： 图层合并完成后，我们可以旋转视角观察，发现白色矩形和文字都可以随着视角一起旋转了，如图 6-2-24 所示。到这里，编辑工作就完成了。我们还可以使用同样的方法，为图像添加更多的效果和创意。

137

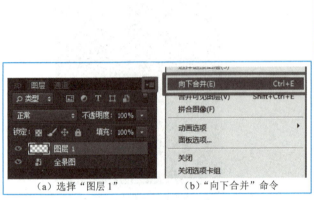
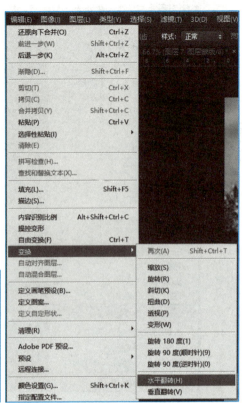

（a）选择"图层1" （b）"向下合并"命令

图 6-2-22 向下合并图层　　　　　　　　图 6-2-23 "水平翻转"命令

图 6-2-24 查看效果

4. 导入 VR 软件

本任务资源中 720Project_book.exe 为主程序，720Project_book_Data 是素材文件夹，如图 6-2-25 所示。index.jpg 文件为全景图，我们需要将其替换为素材文件，就可以预览了。

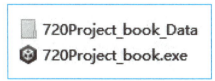

图 6-2-25　720 度全景预览程序

这里要注意以下两点：

（1）保证 720Project_book.exe、720Project_book_Data 在同一目录下；

（2）720Project_book.exe、720Project_book_Data 以及其中的 index.jpg 的文件名不可以变化。

步骤 1：将纹理文件保存到 720Project_book_Data 文件夹中，命名为 index.jpg 文件，如图 6-2-26 所示。

图 6-2-26　保存文件

步骤 2：运行 720Project_book.exe 程序，就可以看到最终的效果，如图 6-2-27 所示。

任务小结

在本任务中，我们用到了 Photoshop 中的三维功能、图层操作命令、图层蒙版、裁剪工具、图像分割命令等，完成了 720 度全景图的修改，并将全景图导入 VR 全景程序中展示。

图 6-2-27　最终的效果

任务 6.3　记录身边的美丽

任务描述

在紧张的生活和学习中，小思深知身边的美丽景色常常被忽视或遗忘。因此，他决心利用 360 全景技术，记录身边的美景。在这个任务中，小思将用 360 全景技术捕捉身边的美丽瞬间，呈现给人们一个沉浸式的视觉体验。

通过这个项目，小思希望能够唤起人们对身边美丽景色的关注。他相信，通过记录身边的美景，可以让人们更加珍惜和保护我们所生活的环境，同时也带给人们一份视觉上的享受和感动。

任务分析

序号	关键步骤	注意事项（技术+审美）
1	拍摄素材图片	使用 360 全景相机或手机拍摄全景图。捕捉身边的美丽景色，包括自然风光、城市建筑或特殊场所等
2	Photoshop 图片拼接	使用 Photoshop 进行图片拼接和调整，以实现无缝连接和最佳视觉效果
3	色彩调整	调整图片的色彩、对比度和细节，使其更加生动和引人注目
4	添加导航元素	（1）技术方面：添加适当的导航元素，以便观众可以自由探索全景图。 （2）审美方面：在设计导航元素时，注意对字体、颜色、对比度、明度进行控制，呈现美观效果
5	导入 VR 软件	将全景图制作为交互式的 VR 作品，为观众提供更加沉浸式的观看体验
6	补充文字描述及介绍	附上一段文字描述，介绍拍摄场景的特点和自己的感受
7	查看作品完整性	查看作品，从图片的色彩、对比度、清晰度分析作品，从全局看整个场景，体会身临其境的感觉

任务实施（请写出制作步骤）

任务小结（请写出你所用到的命令和制作体验）

任务 6.4 修改与展示 720 度全景图

 **任务描述**

小思获得了一组 720 度全景图，展示了一个精美的展览馆。为了提升全景图的质量和呈现效果，小思决定进行一系列的处理和修改。在本任务中，小思将使用 Photoshop 和其他工具，对 720 度全景图进行调整、修复和增强，最终创造出一个令人惊叹的沉浸式展览馆之旅。

小思的目标是呈现一个视觉上引人注目、信息丰富且与众不同的 720 度全景图。通过这次展览馆之旅，小思希望能够激发人们的好奇心和对文化艺术的热爱，并以自己的创意和技巧留下深刻的印象。

本任务素材图片见本书素材包：展览馆全景图。

 任务分析

序号	关键步骤	注意事项（技术+审美）
1	打开素材图片	使用 Photoshop 打开 720 度全景图，并确保图片完整且无缺陷
2	使用 Photoshop 处理图片	（1）技术方面：对全景图进行色彩校正，调整对比度和亮度，以增强图片的视觉效果。使用修复工具去除全景图中的任何不必要的元素或缺陷，确保图片的清晰度和连贯性。 （2）审美方面：调整全景图的色彩饱和度、对比度、明度，呈现美观效果
3	局部调整	进行局部调整，突出展览馆内的重要细节和亮点
4	添加导航元素	添加适当的导航元素，以便观众可以自由探索全景图
5	导入 VR 软件	将全景图制作为交互式的 VR 作品，为观众提供更加沉浸式的观看体验
6	补充文字描述及介绍	附上一段文字描述，介绍拍摄场景的特点和自己的感受

任务实施（请写出制作步骤）

任务小结（请写出你所用到的命令和制作体验）

技能训练　拍摄全景图

 **任务描述**

本任务是使用手机拍摄一张美景的全景图，并将其记录下来。这个任务要求小思拍摄时在一个特定的场景中移动，以捕捉到完整的美景。

首先，小思需要选择一处美景作为拍摄目标，可以是壮丽的自然风光、城市的标志性建筑、历史悠久的遗址或任何其他令人心动的景观。接下来，需要确保手机相机设置正确，以便拍摄全景图。他应该将相机模式设置为全景模式，并调整其他参数，如曝光、对焦和白平衡，以获得最佳的拍摄效果。一切准备就续后，小思可以开始在选定的美景地点进行拍摄。他需要从一个固定的起始点开始，然后缓慢转动身体或转动手机，确保相机捕捉到整个美景。可以使用手机上的指示器或引导线，以帮助在拍摄过程中保持稳定和一致的转动速度。当完成全景图的拍摄后，需要确认照片质量是否符合要求。可以在手机上查看照片，检查是否存在模糊、曝光不足或其他技术问题。如果有问题，需要重新拍摄，直到满意为止。最后，将拍摄好的全景图制作成可以预览的计算机应用程序，并在程序中添加关于美景地点、拍摄时间和个人感受的描述。

通过这个任务，小思不仅能够感受到美景的魅力，还可以学习到如何运用手机相机来捕捉和记录精彩瞬间。

 **任务分析**

序号	关键步骤	注意事项（技术+审美）
1	拍摄素材图片	确保手机相机设置正确，以便拍摄全景图
2	使用 Photoshop 处理图片	对全景图进行色彩校正，调整对比度和亮度，以增强图片的视觉效果。使用修复工具去除全景图中任何不必要的元素或缺陷，确保图片的清晰度和连贯性
3	局部调整	进行局部调整，突出美景的重要细节和亮点
4	添加导航元素	添加适当的导航元素，以便观众可以自由探索全景图
5	导入 VR 软件	将全景图制作为交互式的 VR 作品，为观众提供更加沉浸式的观看体验
6	补充文字描述及介绍	附上一段文字描述，介绍拍摄场景的特点和自己的感受

 任务实施（请写出制作步骤）

任务小结（请写出你所用到的命令和制作体验）

项目 7　网页设计制作

教学目的及要求

本项目主要介绍网页设计的基础知识，通过实际项目任务，让学生进一步掌握网页设计技术、了解团队协作的基本方式，掌握静态网站从需求分析、策划、效果图绘制、切片与优化，到首页制作、模板制作、子页面制作的方法。本项目旨在培养学生综合运用理论知识分析和解决实际问题的能力，实现由理论知识向操作技能的转化，是对理论与实践教学效果的检验，也是对学生综合分析能力与独立工作能力的培养。

教学导航

技能重点	（1）主页大小设定；（2）标题大小和位置确定；（3）导航栏的制作
技能难点	（1）主页大小设定；（2）标题和图片的大小及位置确定
推荐教学方式	任务 7.1 和 7.2 有详细步骤，任务 7.1 建议教师详细示范，给出所有步骤，任务 7.2 建议在任务 7.1 的基础上，给出部分步骤，由教师指导学生完成；任务 7.3 和 7.4 提供了网页制作思路，建议教师通过对网页制作步骤的分析引导学生完成任务，需要注意的是，4 个任务都加入了思政和审美的内容，教师要做好讲解、引导，以此来提升学生的技术和审美的综合素养；技能训练是一个开放性的任务，教师可根据学情调整，培养学生熟练掌握软件的技能、提高审美能力
建议课时	每个任务 2 课时，项目简介建议教师根据所教专业增加或减少讲解内容，融入任务中讲解
推荐学习方法	网页设计制作的学习需要学生动手练习，结合教师的示范、引导，并根据自身特点，通过前两个任务的练习，掌握相关知识点完成后面任务和技能训练，以此来提高技能水平和审美水平

项目简介

网页设计制作是一种设计工作，在设计过程中为了让用户感受到网速非常快，浏览器非常便捷，设计时应运用 Photoshop 调节图片的大小，也可以调整文字，提高图片的分辨率，使页面更清晰，能增强视觉效果，使视频、动画更清楚。可见，Photoshop 对于处理网页图片工作起到重要作用，实用性很强。

1. 网页设计制作简介

网页是构成网站的基本元素，是承载各种网站应用的平台。通俗地说，网站就是由网页组成的，如果只有域名和虚拟主机而没有制作任何网页，是无法访问网站的。

网页是一个包含 HTML 标签的纯文本文件，它可以存放在世界任何地方的某一台计算机中，是万维网中的一"页"，是超文本标记语言格式（文件扩展名为.html 或.htm）。网页要通过网页浏览器来浏览。

2. 网页的特点

每类设计作品都有自己的特点，网页也不例外，主要包括以下几个方面。

1）图形化的界面

在一个页面上同时显示色彩丰富的图片和文本，可以提供集图片、音频和视频等于一体的信息资源。

2）信息的时效性

Web 站点上的信息是动态的、经常更新的，一般各信息站点都会尽量保证信息的时效性。

3）Web 的可设计性

Web 成为 Internet 上第一种适用于图片设计的服务器，其丰富多样的网页会给用户留下深刻印象，并为网站带来较多的访问量。

4）交互式的操作

当用户向 Web 提出请求后，Web 就会提供给用户需要的信息。例如，用户在搜索引擎中输入想查看的信息，确认搜索后，Web 将给出相关搜索结果，这就是一个交互行为。Web 允许访问者在大量的信息中选择自己感兴趣的内容，然后跳转到相应的 Web 页面。

5）兼容的系统平台

网页使用与系统平台无关，无论是 Windows、UNIX 还是安卓系统，用户都可以通过 Internet 访问页面。

6）分布式的存储

在网络中有大量的图片、音频和视频信息，这会占用相当大的磁盘空间，不可以也没有必要将所有信息都存储在一起，可以将其存放在不同的站点，根据查询的情况选择信息。

3. 网页设计的构成要素

网页设计的构成要素主要包括：文字、图片、多媒体元素、色彩、版式等。

1）文字的设计与编排

文字在网页设计中占据相当大的部分，文字所占的存储空间非常小，网页中文字的设计与编排，要与网站整体设计风格相吻合。

2）图片的设计

网页设计时使用的图片必须符合网页的主题，并要加以创新和个性化处理。图片的位置、大小、数量、形式等直接关系到网页的视觉传达效果。在图文混排时，要注意重点突出、赏心悦目，达到和谐统一。

3）多媒体元素的选择

用户希望在网页上看到更具有创造性、吸引力的网页。多媒体元素正是实现这一目标的重要手段。网页中涉及的多媒体元素主要是音频、视频和动画等。

4）色彩的搭配

网页设计要求文字优美流畅，页面新颖、整洁，通过色彩的合理搭配，使页面更加生动，具有吸引力。因此，色彩设计在网页设计中居于十分重要的地位。

5）版式的设计与编排

优秀的版式要有清晰的导向，让用户对网页内容一目了然，吸引并留住用户。

4. 网页设计制作的步骤

1）确定网站的主题

网页设计的首要任务就是确定网站的主题，即决定整个网站的方向、中心内容及提供的主要信息。这些都需要从用户的角度去考虑，也就是设计的网页准备给谁看。

2）规划网站内容结构

网站的目标明确之后，就要考虑网站里存放的具体内容，同时还要考虑如何使内容系统化，如何把各项内容以页面的形式表现出来，还要规划页面之间的关系。

3）搜集有关资料

网站的框架搭建起来以后，就需要搜集和整理内容。

4）设计网页版式

将信息展现给用户即进行网页版式设计，这包括决定各部分信息显示在什么位置，以及以什么样的方式呈现出来等。

任务 7.1　红色旅游文化网站网页框架设计制作

任务描述

小思所在的设计公司有一个新的网页设计项目——红色旅游文化网站网页的设计制作，小思先制作了网页框架，如图 7-1-1 所示，并且以河北省内红色景点为主题制作。

任务分析

本任务将按照网页设计制作的基本思路，展示设计制作红色旅游文化网站网页框架的核心步骤。

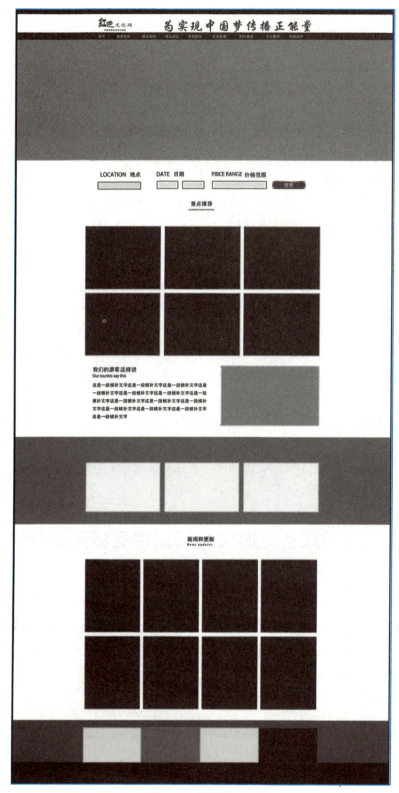

图 7-1-1 网页框架图

项目 7 网页设计制作

序号	关键步骤	注意事项（技术+审美）
1	制作网页的导航栏	确保导航栏的大小和位置统一，使用对齐工具保证美观
2	划分区域	（1）技术方面：合理划分网页的各个板块，保持布局均衡。 （2）审美方面：充分利用空间，避免页面过于拥挤或空旷
3	制作 banner 区域	（1）技术方面：使用矩形工具时，应注意选择正确的工具模式，设置填空和描边，应充分利用对齐和分布功能。 （2）审美方面：设计时需凸显主题，使用与主题相符的颜色和图片，应用渐变等效果增强视觉冲击力
4	制作网页中的搜索框	搜索框应明显易找，设计简洁，与网页整体设计风格协调
5	制作景点推荐区域	推荐区域应排列整齐
6	制作新闻区域	新闻更新区域需要布局清晰，让用户容易阅读和获取最新信息
7	创建底部	网页底部通常包含版权信息、联系方式和友情链接等，设计应简洁明了，易于用户查找信息

小贴士：

在网页设计过程中，由于以宣传红色旅游景点为主，没有固定的网页布局，并且网页中的图片也是由红色旅游景点图片组成的，所以网页的制作任务主要包括框架的布局以及网站 Logo 和导航菜单。需要注意的是，每个步骤需要创建好分组，需要标记好该分组是用来做什么的。

任务实施

步骤 1： 制作网页的导航栏。

（1）创建一个宽度为 1920 像素、高度为 4200 像素的画布，如图 7-1-2 所示。

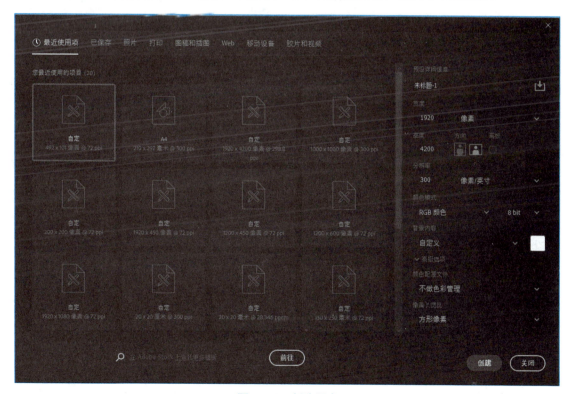

图 7-1-2　新建画布

（2）用"矩形工具"创建一个宽度为 1200 像素的矩形，然后居中画布，再通过"标尺工具"选择矩形两个边缘为网页的主内容区，如图 7-1-3 所示。

图 7-1-3　新建矩形

步骤 2：通过新建图层将 Logo 和所需导航放在划分好的选区中。

（1）通过"矩形选框工具"选取高度为 120 像素的区域为导航栏高度预留分区，置入"红色文化网"素材图片，选择"横排文字工具"，输入对应的文字。

（2）使用"矩形工具"创建一个高度为 40 像素的矩形，作为导航栏的内容框架，将矩形颜色填充为渐变色，红色至暗红色。

（3）将导航栏文字内容放置在划分好的选区中，效果图如图 7-1-4 所示。

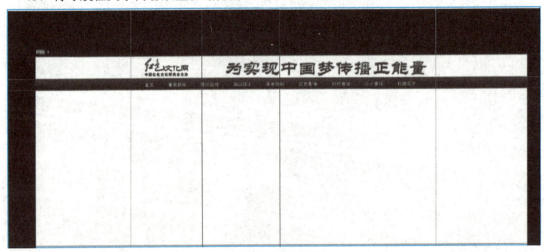

图 7-1-4　导航栏制作

步骤 3：制作 banner 区域。

通过"矩形工具"创建一个高度为 600 像素的选区，上面用文字标注上 banner 区域的标识，防止忘记，如 7-1-5 所示。

图 7-1-5 banner 制作

步骤 4：网页中的搜索框是必不可少的一部分，单独分区制作搜索框，并注意图形间的空隙。

（1）网页的布局影响美观，建议每个分区的上下间距为 60 像素，通过"矩形选框工具"选择一个高度为 60 像素的区域，用标尺标记。

（2）将第一行的内容加入第一次画好的标尺下面，贴合标尺线顶部，字号为 24 号。

（3）添加完毕后，通过"矩形选框工具"，在文字底部选择一个 20 像素的选区，以选区底部为第二行标尺线的开始部分。

（4）通过"矩形工具"创建高度为 40 像素的矩形，日期需要两个矩形，为开始时间到结束时间，搜索按钮要与其他框架区别开来，用"圆角矩形工具" ▭ 创建，将圆角调到最大。

最后注意排列，最终效果如图 7-1-6 所示。

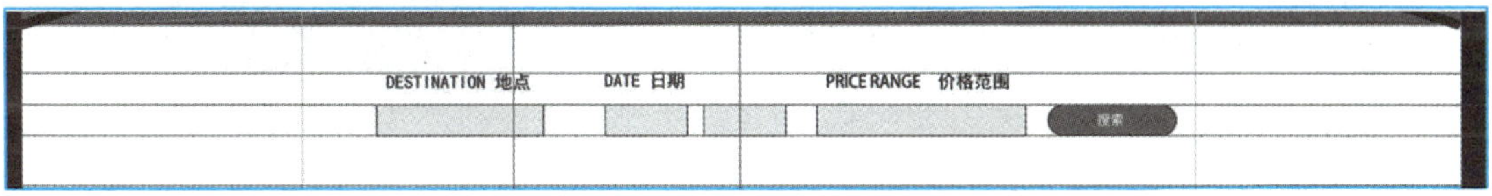

图 7-1-6 搜索框制作

步骤 5：接下来制作景点推荐区域，注意区域之间的距离，这样会使网页更加美观。

（1）选择 60 像素的分区为标题栏，用标尺画出，加入标题内容。

（2）标题与图片内容距离 60 像素并用标尺画出。

（3）选择 600 像素为图片内容分区，将该分区域创建 6 个矩形，每个矩形之间上下左右距离为 20 像素。

效果图如图 7-1-7 所示。

步骤 6：作为一个旅游网站，需要制作游客点评区域。在画布中划分新的分区，分为上下两部分，上部分中左边作为评价区，右边留白作为景点图片区域；下部分为景区介绍框，如图 7-1-8 所示。

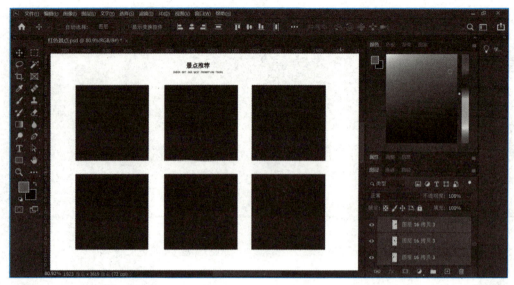

图 7-1-7　景点推荐区域制作

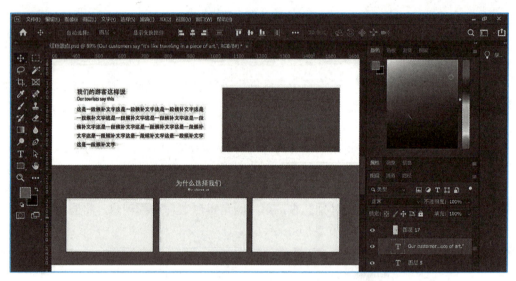

图 7-1-8　游客点评区域制作

（1）预留 825 像素分为上下两个框架，其中一个框架为 400 像素，注意缩进 60 像素为上下结构留白。

（2）为了区分开两个框架，使用"矩形工具"创建一个高为 410 像素的矩形，进行颜色填充以区分。

（3）在游客点评区域，分为三个区：一个是上下留白区，使用选择工具选择 60 像素宽度为留白区，用标尺线标记；左边为评价区，评价区标题与文案上下间距为 40 像素；右边插入高度为 270 像素、宽度为 500 像素的图片，图片与评价区间距为 25 像素。

（4）接下来设计介绍区域，在矩形中画出标题区域，距离矩形边缘 60 像素，介绍图片距离标题 60 像素，用标尺画出。

（5）创建三个高度为 230 像素、宽度为 380 像素的矩形，间距为 20 像素，用来作为后期完善的介绍框，完善时根据内容调整矩形大小，如图 7-1-8 所示。

步骤7：制作新闻和更新区域。

（1）标题与上下区边界距离为60像素，用标尺画出。

（2）用"矩形工具"制作图片预留区，制作两排图片预留区，图片高度为380像素、宽度为240像素，每张图片上下左右间距为10像素，底部留白60像素，如图7-1-9所示。

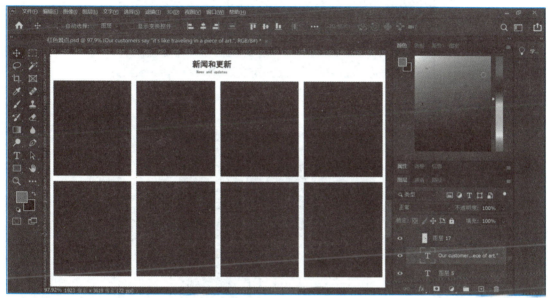

图 7-1-9　新闻区域制作

步骤8：创建网页底部。

（1）创建一个高度为260像素、宽度为2000像素的矩形。

（2）在刚创建的矩形中居中创建4个宽度为300像素、高度为200像素的矩形。

（3）创建一个高60像素的矩形条为页尾底部栏。

网页底部效果如图7-1-10所示。

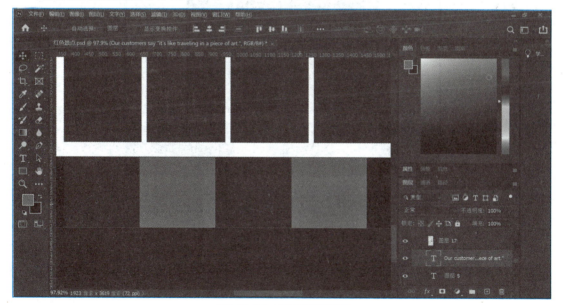

图 7-1-10　网页底部制作

最终效果如图 7-1-11 所示。

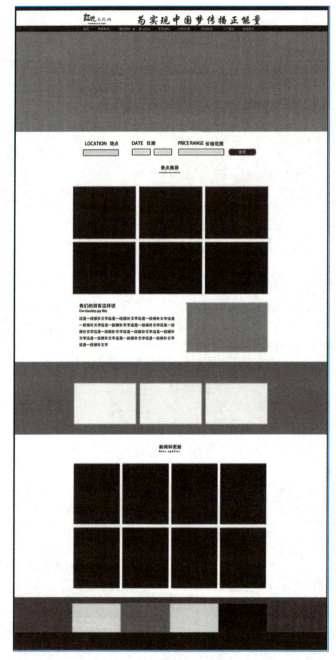

图 7-1-11　最终效果图

任务小结

在网页框架制作过程中，除了使用 Photoshop 的基础操作，还要了解网页的相关规范，包括布局、色彩、字体排版、图片使用、交互设计、可访问性、代码规范、内容编写及法律法规遵守，以确保网页的可用性、可访问性和良好的用户体验。

任务 7.2　红色旅游文化网站网页设计制作

任务描述

小思在任务 7.1 中已经成功搭建好红色旅游文化网站网页框架,现在要填充内容。因为导航栏已经搭建好,所以直接在 banner 区域添加旅行景点相关的图片即可,实现效果如图 7-2-1 所示。

图 7-2-1　实现效果

 任务分析

序号	关键步骤	注意事项（技术+审美）
1	确定主题	本任务为制作红色旅游文化网站的网页，适宜采用比较正式严肃的风格，注意选择素材风格
2	选取形象	可以选取西柏坡、狼牙山等著名红色景点图片作为素材图片
3	置入素材图片	将选取的素材图片与网页框架结构进行合理的搭配，做到重点突出、详略得当
4	完善界面	（1）技术方面：正确使用文字工具输入并格式化文本，可以通过设置形状图层的不透明度，以平衡文字与背景图片的可见度。 （2）审美方面：注重颜色对比、透明度平衡、空间布局、视觉层次和整体协调性，以实现文字与图片的和谐共存，确保信息传达清晰且在视觉上吸引人
5	完善评价	将图片置入创建图形蒙版中，只在矩形里面显示图片使页面减少单调性
6	制作网页尾部	先将内容添加到网页框架尾部中，框架大小都是一致的，所以直接以框架为标准左对齐即可

任务实施

步骤 1：填充 banner 图片，先将 banner 图（见本项目素材图片）放入 Photoshop 画布中，如图 7-2-2 所示。在"图层"面板中单击该图层，将其上下拖曳到合适位置。调整图层顺序，如图 7-2-3 所示。

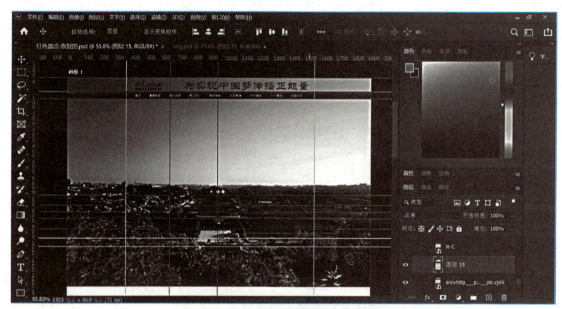

图 7-2-2　添加素材图片

步骤 2：制作用于 banner 部分图片切换的图形，首先利用"椭圆选框工具" 勾选外框大小，并右击选区，在弹出的快捷菜单中单击"描边"命令，如图 7-2-4 所示。在"描边"对话框中设置相应参数，如图 7-2-5 所示。

项目 7　网页设计制作

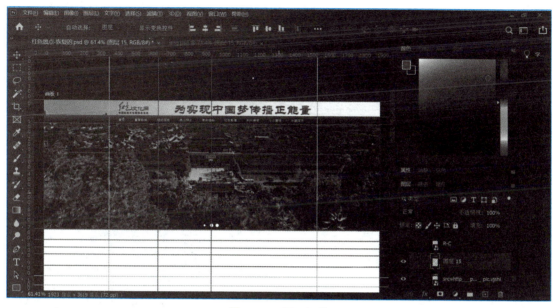

图 7-2-3　图层调整

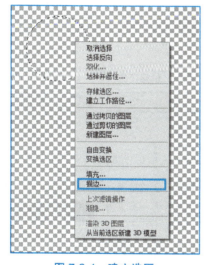

图 7-2-4　建立选区

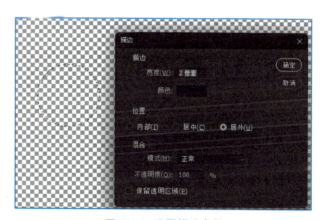

图 7-2-5　设置描边参数

然后，以相同的方法制作用于切换的其他图形，如 7-2-6 所示。

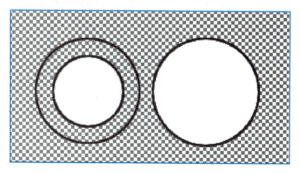

图 7-2-6　制作用于切换的其他图形

这时将用于切换的图形移动到合适位置，如图 7-2-7 所示。

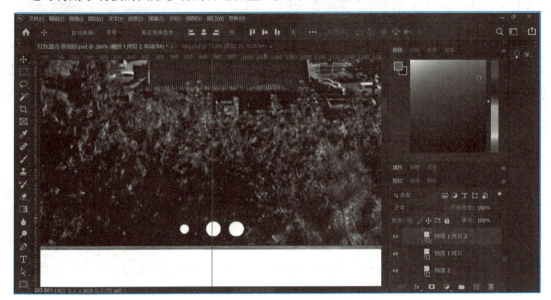

图 7-2-7　移动切换图形

步骤 3：制作搜索功能框，首先使用矩形选框工具与横排文字工具创建基础框架样式，如图 7-2-8 所示。

图 7-2-8　搜索功能框制作

此时可以在框架中添加文字用来提示，并且添加图形元素以完善搜索框，如图 7-2-9 所示。

图 7-2-9　完善搜索框

步骤 4：制作推荐页面，需要添加图片并且在图片上添加地点，如图 7-2-10 所示。

图 7-2-10　添加图片名称

但是直接在图片上添加文字会看不清，可以在文字下添加一个矩形并将其透明度调整为 50%，以达到文字、图片都可以清晰呈现的效果，如图 7-2-11 所示。

图 7-2-11　推荐页面完善

全部图片按此操作，效果图如 7-2-12 所示。

图 7-2-12　推荐页面效果图

步骤 5： 在游客点评区域中，可以单独介绍一个红色景点，将图片置入右侧即可。建议图片上下边距为 60 像素，不要使网页留有空白。使用横排文字工具在图片左侧添加文字，效果如图 7-2-13 所示。

图 7-2-13　游客点评区域

步骤 6： 制作"为什么选择我们"区域，首先置入背景图片，如图 7-2-14 所示。

图 7-2-14　"为什么选择我们"区域背景图片

在区域内利用矩形选框工具制作三个内容框,并键入区域标题,如图 7-2-15 所示。

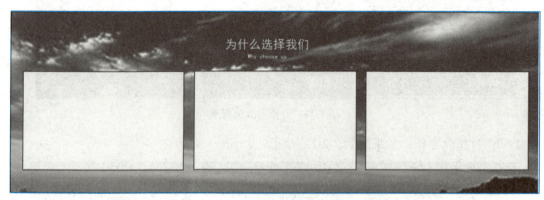

图 7-2-15　"为什么选择我们"区域框架

制作内容元素图形,丰富页面,首先利用椭圆选框工具制作元素背景,如图 7-2-16 所示;再制作五角星图形元素,如图 7-2-17 所示。

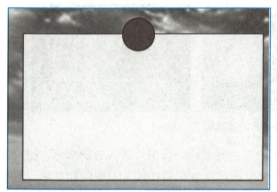　

图 7-2-16　制作元素背景　　　　　　　图 7-2-17　放置五角星元素

图形框架完成后使用横排文字工具置入内容,如图 7-2-18 所示。

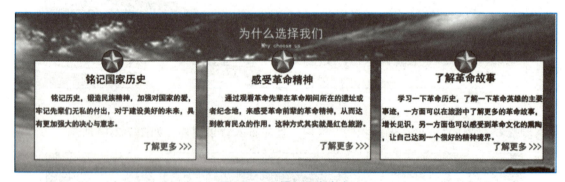

图 7-2-18　置入文字内容

步骤 7:完善"新闻和更新"页面,首先利用横排文字工具键入标题,再将图片置于区域中,注意图形大小一致、边距一致,给图片添加描边效果,如图 7-2-19 所示。

步骤 8:网页框架尾部内容填空,内容框架如图 7-2-20 所示。

利用横排文字工具键入内容,并全部左对齐,如图 7-2-21 所示。

图 7-2-19　新闻页面完善效果

图 7-2-20　内容框架

图 7-2-21　键入内容

对齐完毕后，将框架移除即可，如图 7-2-22 所示。

图 7-2-22　网页框架尾部

步骤 9：添加网页的底部内容，直接在底部添加一个矩形，将内容添加到矩形内，效果如图 7-2-23 所示。

图 7-2-23 网页底部内容制作

最终的效果图如图 7-2-24 所示。

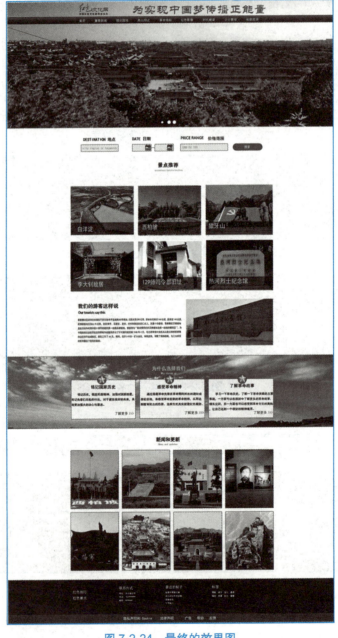

图 7-2-24 最终的效果图

任务小结

本任务旨在创建一个既展现红色旅游文化的历史厚重感,又符合现代网页设计标准的网站网页。在整个设计过程中,要不断回顾和评估设计是否符合红色旅游文化的主题,以及是否能够给用户带来良好的浏览体验。同时,要注意处理设计的细节,如色彩搭配、字体选择、图片质量等,这些都会影响网页的最终呈现效果和用户体验。

任务 7.3　役聘网站（帮助退伍大学生就业、创业）网页设计制作

**任务描述**

小思在设计完红色旅游文化网站网页之后受到了公司领导的表扬，现在接受了新任务，役聘网站是为了帮助退伍大学生求职创业的网站，通过役聘网站网页设计制作任务可以锻炼同学们的网页制作能力。实现效果如图 7-3-1 所示。

图 7-3-1　实现效果

任务分析

序号	关键步骤	注意事项（技术+审美）
1	制作网页的导航栏	确保导航栏的尺寸一致和对齐，使用标尺和辅助线来保证导航栏的精确布局
2	划分区域	合理划分网页的各个板块，维持整体页面结构的一致性和视觉平衡
3	制作banner区域	（1）技术方面：在使用矩形工具时，应注意选择正确的工具模式，设置填充和描边，应充分利用对齐和分布功能。 （2）审美方面：设计时需凸显主题，使用与主题相符的颜色和图片，应用渐变等效果增强视觉冲击力
4	制作网页中的搜索框	设计一个易于识别且位置合理的搜索框，确保用户可以轻松找到并使用
5	制作退伍大学生就创业网页创业区域	在该区域展示与退伍大学生创业相关的图片和信息，注意版权问题
6	制作网页底部导航	在网页底部设计导航链接，保持风格统一，同时确保文字清晰可见
7	创建底部	利用形状工具创建底部栏目的分割，添加必要的链接和信息，保持页面底部的简洁和功能性

任务实施（请写出制图步骤）

此处给出可参考的设计制作提示，下表为各个步骤需要用到的工具或命令，学生通过练习可以尝试写出具体的制图步骤。

序号	步骤	工具或命令
1	新建网页	注意网页尺寸大小要求
2	建立标题栏	矩形工具，参考线，标尺
3	创建选择栏	选框工具，颜色，图层混合模式
4	创建图片内容分区	内容分区由图片、标题、内容构成。左右间距20像素，上下间距60像素
5	创建页面选择框	图层蒙版、橡皮擦工具、画笔工具
6	创建页尾	文字工具、图层样式设置、选框工具、自由变换工具

任务小结（请写出你所用到的命令和制作体验）

任务 7.4　音乐网站网页设计制作

 **任务描述**

小思一直特别喜欢音乐，想设计制作属于自己的音乐网站，本任务为设计制作音乐网站网页。

 任务分析

本任务将按照网页设计制作的基本思路，展示音乐网站网页制作的核心步骤。

序号	关键步骤	注意事项（技术+审美）
1	制作网页的导航栏	确保导航栏的尺寸一致和对齐，使用标尺和辅助线来保证导航栏的精确布局
2	划分区域	合理划分网页的各个板块，维持整体页面结构的一致性和视觉平衡
3	制作 banner 区域	（1）技术方面：在使用矩形工具时，应注意选择正确的工具模式，设置填充和描边，应充分利用对齐和分布功能； （2）审美方面：设计时需凸显主题，使用与主题相符的颜色搭配和图像，应用渐变等效果增强视觉冲击力
4	制作网页中的搜索框	搜索框应明显易找，设计简洁，与网页整体风格协调
5	制作音乐推荐区域	推荐区域应排版整齐
6	制作新闻区域	新闻更新区域需要布局清晰，让用户容易阅读和获取最新信息
7	创建底部	网页底部通常包含版权信息、联系方式和友情链接等，设计应简洁明了，易于用户查找信息

任务实施（请写出制图步骤）

任务小结（请写出你所用到的命令和制作体验）

技能训练　个人主页设计制作

 **任务描述**

小思在 QQ 空间和微博中都注册了自己的账户，有时候会发表一些新奇的故事和近期的心情，在 QQ 空间中，小思发现有些皮肤是需要开启会员才能实现的，这时小思灵机一动，想自己设计制作个人主页。

 **任务分析**

请先帮助小思进行任务分析，梳理出设计制作个人主页的思路，填写注意事项时要注意从技术和审美两个角度。

序号	关键步骤	注意事项（技术+审美）
1		
2		
3		
4		
5		
7		

任务实施（请写出制图步骤）

任务小结（请写出你所用到的命令和制作体验）

审美提高篇

项目 8　美的原创设计

 教学目的及要求

要真正掌握 Photoshop 的使用方法，除了需要具备较高的计算机水平、孜孜不倦的进取精神，扎实的美学基本功底和独特的艺术创意思维也是必不可少的。本项目通过对学生原创能力的培养和审美情感的塑造，旨在挖掘学生的综合实践潜力和创新精神，增强学生的家国情怀和本土文化认同，转变其学习方式以适应信息化社会的要求，培养学生善于将自己独特的美感用不同的艺术形式表达出来，从而满足每个学生终身发展的需要。

 教学导航

技能重点	（1）形状工具；（2）钢笔工具；（3）路径编辑；（4）文字工具；（5）图层样式
技能难点	（1）形状工具；（2）钢笔工具
推荐教学方式	根据专业需要选择任务，任务 8.1 和 8.2 有详细步骤，任务 8.1 建议教师详细示范，任务 8.2 建议教师指导学生完成；任务 8.3 和 8.4 提供了制作思路，建议教师通过对制作步骤的分析引导学生完成任务，需要注意的是，任务 8.4 加入了设计的内容，教师要做好讲解、引导，以此来提升学生的技术和审美的综合素养；技能训练是一个开放性的任务，可根据学情调整，培养学生熟练掌握软件的技能、提高审美能力、提高梳理工作方法的能力。另外任务中的思政内容，教师应润物细无声地融入教学中
建议课时	每个任务 2 课时，项目简介建议教师根据所教专业增加或减少讲解内容，融入项目任务中讲解
推荐学习方法	Photoshop 课程的学习，本身就是对美的创造和再创造的过程，因此发现美的事物显得犹为重要。Photoshop 课程以平面图形图像作为研究和处理的对象，这种平面符号介质，以直观的视觉冲击力，带给人们神奇的审美愉悦和真实的审美体验，满足人们潜在的审美需求。 正处于花季年华的大学生们，对美有着强烈的向往，应该树立健康的审美观，指导审美活动的实践，将其应用于日常的设计工作中。在教师的示范引导下，结合技能点，注重掌握美的实现技巧并加以应用，掌握获取原创素材的方法并能结合个人创意完成设计

 项目简介

1. 审美情感的塑造

健康的审美思想、审美观念，能够培养健康的审美趣味。提高辨别美丑的能力，有助于提升我们对"美的形态"的赏析能力和创造能力，促进身心健康、全面发展。

首先，我们应认真学习美学知识与理论，不断丰富我们的思想、充实我们的观点，促进健康审美观的建立。其次，我们要热爱生活，用美的眼光看待生活，自觉用"美的规律"来塑造自己的生活。积极的生活态度、高尚的生活情趣、崇高的生活理想和良好的生活习惯，都有助于健康审美观的形成。最后，我们应该不断提高审美能力，张扬自我审美个性，应在健康审美观的指导下，通过日常生活情感的升华、审美经验与情感的积淀来培养个人审美情感，使我们能发现生活中的美，欣赏身边的美，自觉分辨现实生活中的美丑，主动追求美、创造美，用审美的态度看待人类的生命活动，用审美的眼光对待生活、面对人生。

2. 创意思维的培养

创意思维是指以独特的方式解决问题的思维过程，不仅能揭露客观事物的本质及其内部联系，还能在此基础上产生新颖、独特、具有重大社会价值的思维成果。

我们应当从培养观察力入手，养成良好的观察习惯，培养观察的主动性和自觉性。不断丰富个人的知识，健全知识层次和知识结构。同时应保持强烈的好奇心，激发个人创作灵感。

3. 国家级非遗项目"定瓷"，浸透传统文化

我国有着深厚的历史文化底蕴，每个时期每个地域都有无数珍贵的文化遗产，如传统手工艺、器物、戏曲、饮食等，各个方面都能挖掘出可用于设计的元素，然而一个好的文创设计是让文化与设计有机结合，这样才能让传统文化焕发出新的活力。

定窑瓷器以其丰富多彩的纹样装饰而深受人们喜爱，装饰纹样秀丽典雅。定窑印花题材以花卉纹最为常见，主要有莲、菊、萱草、牡丹、梅等，花卉纹布局多采用缠枝、折枝等方法，讲求对称。有的碗、盘口沿为花瓣式，碗内印一盛开的花朵，同时在外壁刻上花蒂与花瓣轮廓线。这种把印、刻手法并用于一件器物，里外装饰统一的做法，使器物造型和花纹装饰浑然一体，十分精美。

任务 8.1 "把春天带进课堂"创意图片（情感校园）设计制作

 任务描述

春天到了，小思和同学们陶醉在校园的美景中，同学们讨论着如何把春天一直留在校园中。本任务以"品味校园之美"为主题，要求学生仔细感受校园里的美丽风景，拍照以进行素材图片收集，结合个人的奇思妙想，通过 Photoshop 合成两张（及以上）图片中的不同元素，培养学生的审美能力和创意思维，激发学生的学习热情和创作意识，培养学生爱校如家的情感和创造美的能力，从而提升学生的精神风貌，展现学生的创作才华、技艺和思想之美。

任务分析

本任务将按照图片合成的基本思路，以图片的合成为核心步骤进行操作展示。

序号	关键步骤	注意事项（技术+审美）
1	收集原创素材	（1）技术方面：观察校园、拍照取材。 （2）审美方面：掌握观察美、记录美的方法
2	启动 Photoshop 并新建文件	掌握启动 Photoshop 和新建文件的方法
3	创意构思，制作合成创意图片	（1）技术方面：掌握对图层、画笔、路径、蒙版等工具进行组合应用。 （2）审美方面：注意培养学生的审美能力和创意思维，激发学生的学习热情和创作意识，充分表现学生对校园的热爱
4	保存文件	掌握保存文件的方法

任务实施

步骤 1：学生课前自行整理素材图片（拍照取材），要求素材图片为自己眼中美丽的校园风光，数量不少于两张。

步骤 2：通过图层、路径、蒙版、滤镜等工具的组合应用，合成两张（及以上）图片中的不同元素，完成创意图。以下为操作示例，可根据不同素材图片进行操作上的调整。

（1）打开本项目素材包中的背景图，并置入天空素材图，如图 8-1-1 所示。

图 8-1-1　置入天空图

（2）用"钢笔工具"勾出电梯门框边缘，可以不断用"直接选择工具"进行调整，尽量沿电梯形状勾勒准确，如图 8-1-2 所示。

（3）为"天空素材图"图层建立图层蒙版，将其置入电梯门内，效果如图 8-1-3 所示。

图 8-1-2 使用"钢笔工具"勾出电梯门框边缘

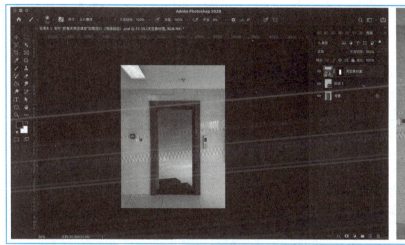

图 8-1-3 建立图层蒙版

（4）新建图层 1，右击"天空素材图"图层，在弹出的快捷菜单中单击"创建剪切蒙版"命令，然后选择工具面板中的"画笔工具"（设置为黑色），为电梯门区域的天空图绘制阴影，调整图层 1"不透明度"为"29%"，"填充"为"57%"，如图 8-1-4 所示。

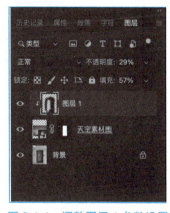

图 8-1-4 调整图层 1 参数设置

(5)调整图层顺序,将"形状 1"图层移至第一层,并在"图层"面板中将形状属性设置为黑色描边 3 像素,图层混合模式调整为"正片叠底","填充"为"47%",这样就为图像添加了最暗的阴影,调整后效果如图 8-1-5 所示。

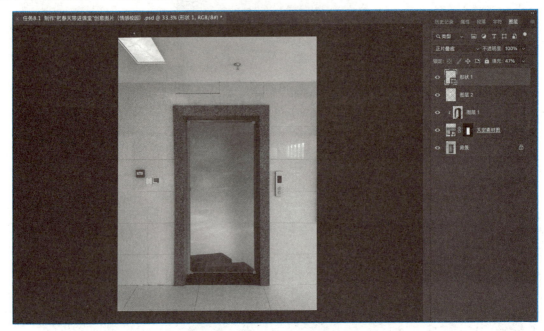

图 8-1-5　调整后效果

(6)用"钢笔工具"在电梯门下方绘制两条直线,作为电梯门下方左侧暗部阴影和右侧暗部阴影,参数如图 8-1-6 所示(左侧描边为 8 像素,右侧描边为 4 像素)。

图 8-1-6　绘制直线参数设置

项目 8　美的原创设计

（7）用"钢笔工具"（黑色描边，2 像素）绘制竖向直线，作为电梯门的门缝，如图 8-1-7 所示。

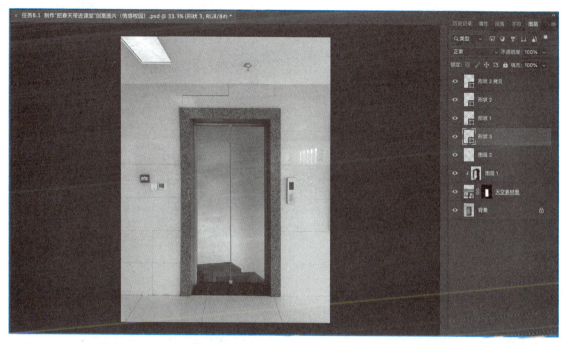

图 8-1-7　用"钢笔工具"绘制直线

（8）为了让图像更逼真有趣，新建图层，选择画笔工具（设置为白色，柔边缘），画笔大小设置为 400 像素，如图 8-1-8 所示，绘制高光部分，将图层"不透明度"调整为"36%"，"填充"为"70%"，如图 8-1-9 所示，最后导出效果图为 jpg 格式，保存源文件。

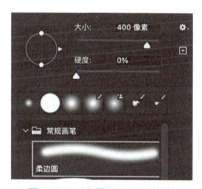

图 8-1-8　设置画笔工具参数

任务小结

本任务的主要技能要点为使用钢笔工具精准选取元素，画笔的设置与使用，图层间的顺序调整与复制粘贴，剪切蒙版的使用等。

173

Photoshop 项目化实用教程

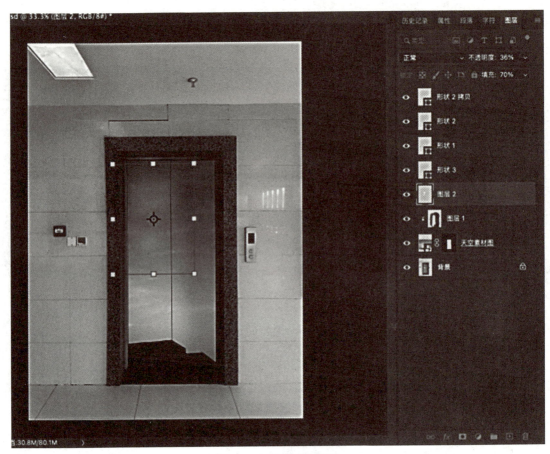

图 8-1-9 绘制高光部分

任务 8.2 非遗文化"定瓷"创意纹饰（情感家乡）设计制作

任务描述

小思是地道的河北人，非常热爱自己的家乡，平时关注家乡的非物质文化遗产"定瓷"的保护工作，他希望自己能设计出定瓷的纹样，为家乡文化的守护、创新和可持续发展做出贡献。本任务主要学习如何通过 Photoshop 将图片转化为装饰纹样，绘制非物质文化遗产定瓷的花瓶，使学生熟练掌握 Photoshop 常用工具及图像处理的基本方法，在操作过程中感受学习的探索性与创造性，培养学生设计、绘制图像的能力，提高操作技能和审美能力，并从中体会家乡传统文化特色——国家级非物质文化遗产定瓷对世界的影响，增强爱国主义精神。

任务分析

定瓷传统烧制技艺是河北省的地方传统手工技艺，更是国家级非物质文化遗产，其丰富多彩的纹样装饰多以花草禽鸟为主，形态逼真，栩栩如生，深受人们的喜爱，如图 8-2-1 所示。

图 8-2-1　丰富多彩的定瓷装饰纹样

这样的纹饰不仅美观，还是人类物质文明与精神文明的积淀，作为一种以装饰为主的民间艺术，来源于劳动人民的日常生活，寄托着人们最真切、最质朴的审美观念与精神向往，也彰显出人民群众的深厚情感。其独特的题材、色彩、寓意等元素，在很大程度上为现代设计提供了新的思路。本任务结合对 Photoshop 知识的综合应用，对保定市市花月季进行定瓷风格绘制，为花瓶添加纹饰，在任务实施过程中应发挥学生的想象力和创造性，完成更为精细、更具特色的作品，运用信息技术表达情感、展示自我。

序号	关键步骤	注意事项（技术+审美）
1	打开 Photoshop	掌握打开 Photoshop 的方法
2	收集原创素材图片	（1）技术方面：通过网上搜索、实地考察等形式，搜集素材图片。 （2）审美方面：了解定瓷文化及其纹饰特点，提高审美能力和构图能力
3	创意纹饰	（1）技术方面：根据提供的素材图片，提取装饰纹样。 （2）审美方面：掌握用原创元素提炼图形图像的概括能力和对传统文化主题设计的构图能力
4	合成图片	掌握利用图层调整、填充效果、混合模式等命令设计效果图的方法
5	保存文件	掌握保存文件的方法

任务实施

步骤 1：在菜单栏中单击"文件"→"打开"命令，打开定瓷素材图片，置入月季花素材图片。

步骤 2：使用"魔棒工具" 选取月季花的粉色区域，为其添加图层蒙版，如图 8-2-2 所示。

图 8-2-2 添加图层蒙版

步骤 3：新建调整图层，单击"创新新的填充或调整图层"按钮 ，为月季花图层添加黑白效果，设置参数为红色-63、黄色 60、绿色 40、青色 60、蓝色 20、洋红 80，如图 8-2-3 所示。

图 8-2-3 设置图层参数

步骤 4：双击月季花图层，为其添加图层样式，在"图层样式"对话框中，选择"颜色叠加"复选框，在右侧"颜色叠加"选区中设置颜色参数（色值为 R232、G225、B207），如图 8-2-4 所示；选择"叙面和浮雕"复选框，在右侧"斜面和浮雕"选区中，设置样式为"内斜面"，深度为"63%"，大小为"9 像素"，软化为"10 像素"，如图 8-2-5 所示；选择"投影"复选框，在右侧"投影"选区中设置混合模式为"正片叠底"，不透明度为"5%"，角度为"7 度"，距离为"5 像素"，扩展为"28%"，大小为"24 像素"，如图 8-2-6 所示。并将图层调整到合适位置，设置透明度为 51%。

项目 8 美的原创设计

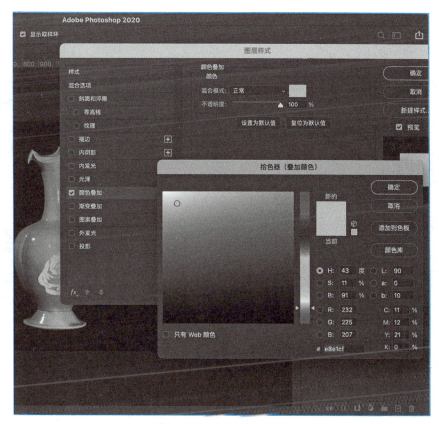

图 8-2-4 设置颜色参数

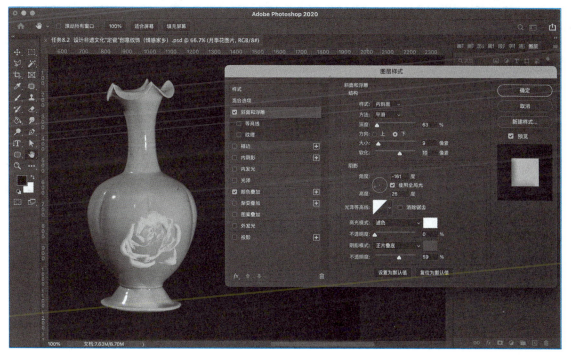

图 8-2-5 添加浮雕效果

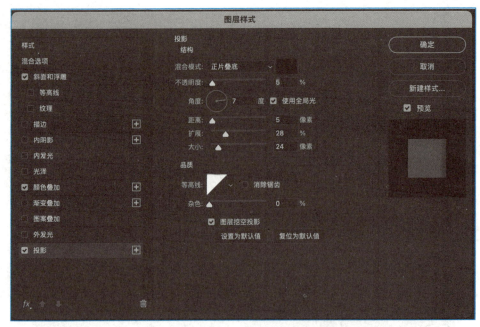

图 8-2-6　添加投影效果

步骤 5：按住 Ctrl 键，同时选中月季花图层和剪切蒙版"黑白 1"图层，按住 Ctrl+G 组合键，将两个图层组合为新的图层组，重命名为"月季花"。复制"月季花"图层组（快捷键为 Ctrl+J），调整至合适位置，为图层组添加蒙版，擦除瓶身外的部分。重复上述操作，复制"月季花"图层组，最终形成花朵图案环绕瓶身下半部的效果，如图 8-2-7 所示。

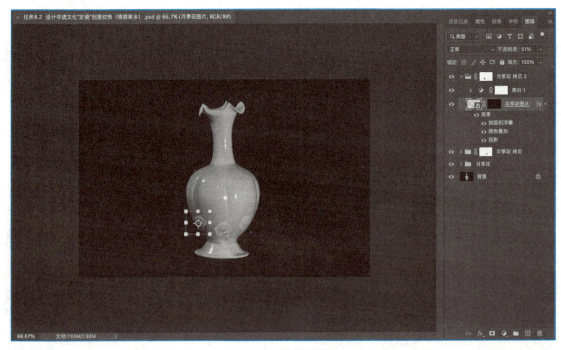

图 8-2-7　调整后效果

步骤 6：在画布上置入叶子素材图片，重复上述操作，完成浮雕叶子的效果，如图 8-2-8 所示。

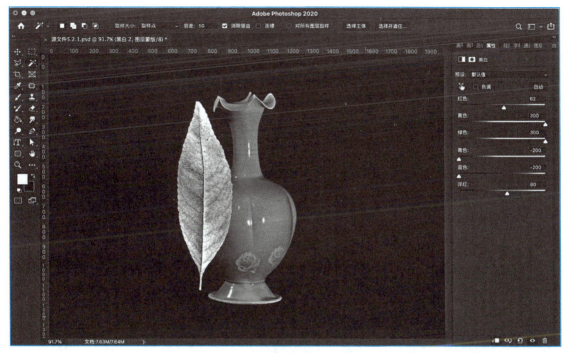

图 8-2-8　浮雕叶子效果

步骤7：置入书法字素材图片，右击月季花图层，在弹出的快捷菜单中单击"拷贝图层样式"命令，右击书法字图层，在弹出的快捷菜单中单击"粘贴图层样式"命令，如图 8-2-9 所示。

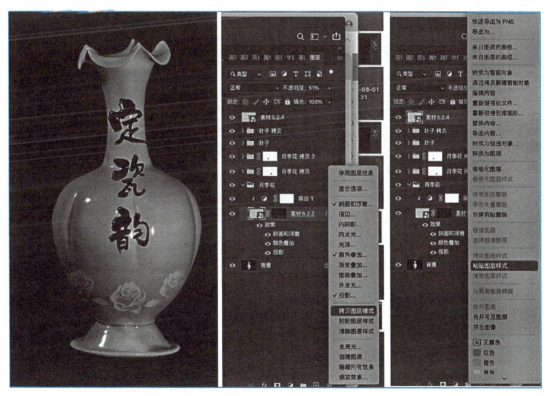

图 8-2-9　置入书法字素材图片

步骤 8：调整书法字图层的位置，如图 8-2-10 所示，保存效果图。

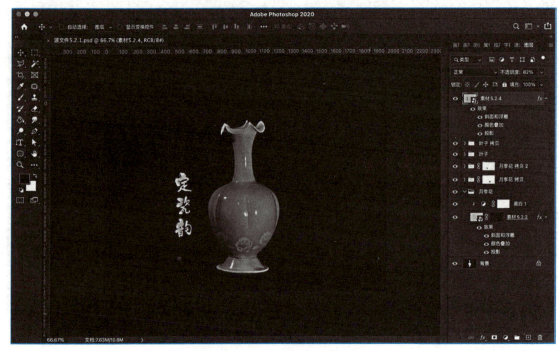

图 8-2-10　调整书法字图层的位置

 任务小结

本任务使用 Photoshop 给非物质文化遗产定瓷的花瓶绘制花纹，主要涉及的知识技能点有图层调整命令、混合模式等。

任务 8.3 爱心环保牌（情感生活）设计制作

 **任务描述**

经过任务 8.2 合成图片，小思已经学会了图片合成的基本操作，最近学校举办环保节，小思想设计一款爱心环保牌。本任务按照提供的范例，在 Photoshop 中设计制作路边林木爱心形状环保牌，增强学生的环保意识。

 **任务分析**

序号	关键步骤	注意事项（技术+审美）
1	新建文件	熟练掌握新建文件方法，探索使用多种方法新建文件，如使用 Ctrl+N 组合键，如从菜单栏调用"新建"命令
2	绘制心形牌	掌握钢笔工具、文字工具的使用方法
3	绘制图形	（1）技术方面：掌握使用钢笔工具绘制矩形、增删锚点、转换工具的方法。 （2）审美方面：自行创作环保主题图案，如树木、花草，将环保意识融入设计作品中
4	保存文件	熟练掌握保存文件的方法，探索使用多种方法保存文件

任务实施（请写出制图步骤）

任务小结（请写出你所用到的命令和制作体验）

任务 8.4　母亲节感谢卡（情感家庭）设计制作

任务描述

母亲节即将到来，小思想对母亲表示感谢，结合自己的专业特长，他为母亲设计制作了一张感谢卡，如图 8-4-1 所示。本任务综合使用画笔工具、钢笔工具等设计制作背景图和主题文字，添加装饰元素和祝福语。

图 8-4-1　母亲节感谢卡效果图

任务分析

序号	关键步骤	注意事项（技术+审美）
1	新建文件	熟练掌握新建文件方法，探索使用多种方法新建文件，如使用 Ctrl+N 组合键，如从菜单栏调用"新建"命令
2	绘制背景图	掌握画笔工具的运用方法及图层间关系的调整方法，为背景图添加图层样式
3	制作主题文字，添加装饰元素	（1）技术方面：能熟练使用 Photoshop 进行原创素材图片的再加工，并能灵活使用文字工具、画笔工具等完成作品。 （2）审美方面：注重素材图片的原创性和审美性，提高自主探索和综合实践操作的能力，为今后设计高质量的作品奠定基础
4	保存文件	熟练掌握保存文件的方法，探索使用多种方法保存文件

任务实施（请写出制图步骤）

任务小结（请写出你所用到的命令和制作体验）

技能训练　疫情防控提示手册封面（情感社会）设计制作

 任务描述

小思想设计制作疫情防控提示手册的封面，本任务首先使用钢笔工具勾勒出手册封面的图形，再使用文字工具进行文字的排版与设计，调整位置，最终完成设计制作。要求封面简洁直观、美观大方，要在设计实践中运用专业技能，体现文字排版美感，体现手册的提示作用，进一步普及疫情防控相关法律法规知识，提升人们的疫情防控意识。

 任务分析

序号	关键步骤	注意事项（技术+审美）
1	新建画布	准确创建画布
2	制作手册封面	（1）技术方面：熟练掌握钢笔工具、文字工具的使用方法。 （2）审美方面：绘制的图形应简单易懂，设计应符合人体工程学、行为学、美学等多种学科的要求
3	保存文件	使用多种命令保存文件

任务实施（请写出制图步骤）

任务小结（请写出你所用到的命令和制作体验）

第二部分 基础知识技能

第 1 章 Photoshop 的基础知识

教学导航	本章名称	Photoshop 的基础知识
	学习任务	1.1 Photoshop 的界面布局； 1.2 图像尺寸、分辨率； 1.3 位图图像与矢量图形； 1.4 常用颜色模式； 1.5 图像文件基本操作； 1.6 改变图像画布尺寸； 1.7 颜色的设置方法； 1.8 浏览图像； 1.9 纠正错误操作
	学习目标	掌握 Photoshop 的图像参数等基础知识，了解常用颜色模式及设置颜色的方法，熟练掌握图像文件的操作方法
	教学重点	1. 图像尺寸及分辨率的调整方法； 2. 常用颜色模式及颜色设置方法； 3. 图像文件及画布尺寸的调整方法； 4. 纠正错误操作
	教学难点	1. 图像尺寸及分辨率的调整方法； 2. 改变图像画布尺寸

1.1 Photoshop 的界面布局

【知识点】

扫一扫，看微课

（1）菜单栏：包括 11 个菜单，有上百个命令。各命令可通过在下拉式菜单单击，也可通过快捷键调用。

（2）工具面板：包括大量各式工具，可完成绘制、编辑、修饰图像，选择、扣取、移动图像，输入文字等操作。工具面板可以隐藏、伸缩与位移，可以在菜单栏中单击"窗口"→"工具"命令对工具面板进行隐藏或显示；单击工具面板最上方左侧的双三角图标，对工具面板进行伸缩；将鼠标放置在双三角图标下方并按住鼠标不放，可对工具面板进行移动。

工具选项栏配合工具面板使用，可设置工具的相关参数，以便更好地使用工具。

（3）面板：Photoshop 中有多个面板，而且功能各不相同。最常用的面板包括"图层"面板、"路径"面板、"历史记录"面板、"画笔"面板等。可通过 Shift+Tab 组合键隐藏或显示面板。

（4）状态栏：位于窗口底部，窗口中有文件时才显示，它能提供当前文件的显示比例、文件大小、当前工具等信息。

（5）工作区控制器：可保存用户布置好的工作界面，并能随时调用。单击工作区控制器，在弹出的快捷菜单中单击"新建工作区"命令，也可以在菜单栏中单击"窗口"→"工作区"→"新建工作区"命令，在弹出的"新建工作区"对话框中输入自定义的名称，然后单击"存储"按钮即可保存自定义的界面。

【课后习题】

1. 菜单栏包括多少个菜单？（　　）
A. 10 个　　　　　　　　B. 11 个　　　　　　　　C. 12 个
2. 工具选项栏配合工具面板使用，可设置工具的相关参数。（　　）
A. 正确　　　　　　　　B. 错误
3. 工作区控制器，不可以控制 Photoshop 的工作界面。（　　）
A. 正确　　　　　　　　B. 错误

1.2　图像尺寸、分辨率

扫一扫，看微课

【知识点】

图像尺寸的长度与宽度是以像素为单位的，也有以厘米为单位的。像素与分辨率是数码影像最基本的单位，每像素就是一个点，而不同颜色的点（像素）聚集起来就变成一张图片，640 像素×480 像素的图片，大概需要 31 万像素；2048 像素×1536 像素的图片，则需要 314 万像素。

图片分辨率和输出时的成像大小与放大比例有关，分辨率越高，成像尺寸越大，放大比例越高。要确定使用的图片分辨率，可以考虑图片最终的用途，根据用途不同对图片设置不同的分辨率。

如果所制作的图片用于网络，分辨率只需满足典型的显示器分辨率（72 像素/英寸或 96 像素/英寸）即可。

如果图片用于打印、输出，则需要满足打印机或其他输出设置的要求，对于印刷用图，图片分辨率不应该低于 300 像素/英寸。

【技能点】

1. 在像素总量不变的情况下改变图像尺寸

（1）在"图像大小"对话框中取消选中"重新取样"复选框，用户在改变尺寸或进行缩放后，可以在左侧图像的预览框中看到调整后的效果。

（2）在"图像大小"对话框的"宽度""高度"文本框右侧选择合适的单位。

（3）分别在"图像大小"对话框的"宽度""高度"文本框中输入小于原值的数值，即可降低图像的尺寸，此时输入的数值无论大小，"像素尺寸"的数值都不会有变化。

（4）如果在改变其尺寸时，需要保持图像的长宽比不变，则选中"约束比例"复选框，否则取消选中状态。

2. 在像素总量变化的情况下改变图像尺寸

（1）确认"图像大小"对话框中的"重新取样"复选框处于选中状态，然后继续下一步的操作。

（2）在"宽度""高度"文本框右侧选择合适的单位，然后在两个文本框中输入不同的数值。

如果在像素总量发生变化的情况下，将图像的尺寸变小，然后以同样方法将图像的尺寸放大，则不会得到原图像的细节，因为 Photoshop 无法恢复已损失的图像细节，这是最容易被初学者忽视的问题之一。

【课后习题】

1. 在像素总量不变的情况下改变图像尺寸，分别在"图像大小"对话框的"宽度""高度"文本框中输入小于原值的数值，即可降低图像的尺寸，此时输入的数值过大或过小，"像素大小"中的数值也会发生相应变化。（　　）

　　A. 正确　　　　　　　　　　B. 错误

2. 在像素总量变化的情况下改变图像尺寸，在"宽度""高度"文本框右侧选择合适的单位，然后在两个文本框中输入相同的数值。（　　）

　　A. 正确　　　　　　　　　　B. 错误

3. 对于印刷用图，图像分辨率不应该低于（　　）。

　　A. 200 像素/英寸　　　　　　B. 300 像素/英寸
　　C. 500 像素/英寸　　　　　　D. 250 像素/英寸

1.3　位图图像与矢量图形

【知识点】

1. 位图图像

位图图像是由像素组成的，像素是位图图像最小的信息单元，由于每像素都具有特定的位置和颜色值，所以它可以记录非常丰富的颜色信息，也就是说位图图像可以表达出色彩丰富、过渡自然的效果。像素还按从左到右、从上到下的顺序来记录图像中每像素的位置信息，这就是位图图像的成像原理。

位图图像质量是由单位长度内像素的多少来决定的。单位长度内像素越多，分辨率越高，图像越清晰，而文件所占硬盘空间也越大，在处理图像时计算机运算速度也就越慢，所以设置图像大小时要特别注意这一特性，即图像大小的设置不是越大越好，而是适合就好。

如果将一个位图图像放大，其相应的像素点也会随之放大，当像素点被放大到一定程度后，图像就会变得不清晰，会显示出非常明显的像素块，边缘会出现锯齿。

2. 矢量图形

矢量图形在数学上定义为一系列由线连接的点。矢量文件中的图形元素称为对象，每个对象都是一个自成一体的实体，它具有颜色、形状、轮廓、大小和屏幕位置等属性，所以矢量图形的线条非常光滑、流畅，放大观察矢量图形时，可以看到线条仍然保持良好的光滑度及比例相似性。

由于矢量图形是用数学公式来定义线条、形状和文本的，所以矢量图形的优点是这类文件所占据的磁盘空间相对较小，其文件尺寸取决于图像所包含对象的数量和复杂程度。文件大小与输出介质的尺寸几乎没有关系，这一点与位图图像的处理正好相反。

【课后习题】

1. 位图图像是由像素组成的，像素是位图图像最小的信息单元。（   ）
   A. 正确　　　　　　　　　　B. 错误
2. 位图图像越清晰时，单位长度内像素越（   ），分辨率越（   ）。
   A. 高　多　　　　　　　　　B. 多　高
   C. 低　少　　　　　　　　　D. 少　低

1.4　常用颜色模式

扫一扫，看微课

【知识点】

颜色模式，是将某种颜色表现为数字形式的模型，或者说是一种记录图像颜色的方式。常用的颜色模式有：RGB 模式、CMYK 模式、HSB 模式、Lab 颜色模式、位图模式、灰度模式、索引颜色模式、双色调模式和多通道模式。下面介绍部分颜色模式。

（1）Lab 颜色模式：该模式是以亮度分量 L 以及两个颜色分量 a 与 b 来表示颜色的。该模式是 Photoshop 的内部颜色模式，它是由图像 RGB 模式转换为 CMYK 模式的中间模式。最大优点是与设备无关，也就是说显示器、打印机、计算机、扫描仪这些设备创建或输出图像，设置 Lab 颜色模式所产生的颜色可以保持一致。

（2）RGB 模式：也称为"真彩色模式"，是计算机美工设计人员最熟悉的色彩模式。RGB 模式是将红（R）、绿（G）、蓝（B）三种基本色光按照不同的比例和强度混合而成，进行颜色加法，也叫加色法，也称加色模式。RGB 模式可以配置出绝大部分肉眼能看到的颜色。

（3）CMYK 模式：是一种应用于印刷领域的颜色模式，它以打印在纸张上的油墨的光线吸收特性为理论基础，其中的 4 个字母分别指青色（C）、洋红（M）、黄色（Y）和黑色（K）。由于这 4 种颜色能够通过合成得到可以吸收所有颜色的黑色，因此这种模式也被称为减色模式。其中的黑色是用来增加对比，以弥补 CMYK 模式产生黑度不足之用的。

【课后习题】

1. 什么模式可以称为"真彩色模式"？（   ）

A. Lab 颜色模式　　　　　　B. RGB 模式　　　　　　C.CMYK 模式

2. RGB 模式可以配置出绝大部分肉眼看不到的颜色。（　　）

A. 错误　　　　　　　　　　B. 正确

1.5　图像文件基本操作

扫一扫，看微课

【技能点】

（1）新建图像：在菜单栏中单击"文件"→"新建"命令。在此对话框中可以设置文件"名称""宽度""高度""分辨率""颜色模式""背景内容"等参数，设置完毕后单击"创建"按钮即可。

（2）直接保存图像文件：在菜单栏中单击"文件"→"存储"命令，弹出"另存为"对话框，输入文件名，并选择所需要的"保存类型"，单击"保存"按钮即可。

（3）另存图像文件：该命令可满足用户对图像文件的另存需要，当用户需要保存不同格式、名称时，或存储到不同存储介质时，如其他盘符目录、U 盘、移动硬盘时都可执行此命令。

（4）关闭图像文件：在菜单栏中单击"文件"→"关闭"命令，也可单击当前画布文件名右侧的关闭图标或直接按 Ctrl+W 组合键。

【课后习题】

1. 直接保存图像文件的步骤为：在菜单栏中单击"文件"→"存储"命令，弹出"另存为"对话框，输入文件名，并选择所需要的"保存类型"，单击"保存"按钮就可以了。（　　）

A. 正确　　　　　　　　　　B. 错误

2. 关闭图像文件同样需要在菜单栏中单击"文件"→"关闭"命令，也可直接单击当前画布文件名右侧的关闭图标或直接按（　　）组合键。

A. Ctrl+O　　　　　　　　　B. Ctrl+P

C. Ctrl+W　　　　　　　　　D. Ctrl+S

1.6　改变图像画布尺寸

扫一扫，看微课

【技能点】

（1）裁剪工具：用来裁剪图像，在要保留的图像中拖出一个方框作为选区，可拖动边控点或角控点调整大小，框内是保留的区域，框外是要被裁剪的区域，在选区内双击或按 Enter 键确认。

（2）使用透视裁剪工具改变画布尺寸：在 Photoshop 中，使用透视裁剪工具可以方便地校正照片中的透视问题，其方法是拖动边控点或角控点调整大小及单个角控点的位置，使其符合透视角度，然后在选区内双击或按 Enter 键确认，即可获得纠正透视问题的图像。

(3)使用菜单栏中的"画布大小"命令改变画布尺寸：画布尺寸会影响图像的打印效果及输出效果，所以当发现画布大小有问题时要及时改变画布尺寸。

(4)翻转图像：如需调整图像的角度，可以单击菜单栏中的"图像"→"图像旋转"命令进行角度调整。

【课后习题】

1. "画布大小"命令可以改变画布的（　　）。
A. 大小　　　　　　　　B. 颜色　　　　　　　　C. 字体

2. 透视裁剪工具不可以改变画布尺寸。（　　）
A. 正确　　　　　　　　B. 错误

1.7 颜色的设置方法

扫一扫，看微课

【技能点】

色彩模式是数字世界中表示颜色的一种方法。在数字世界中，为了表示各种颜色，人们通常将颜色划分为若干分量。由于成色原理的不同，有的设备通过色光直接合成颜色，如显示器、投影仪、扫描仪，有的设备通过使用颜料在印刷设备上生成颜色，如打印机、印刷机。

(1)前景色/背景色设置颜色：在工具面板的下方有两个色块，此区域中可以分别选择前景色和背景色。前景色是用来绘图的颜色，又被称为绘图色，背景色则用来填充背景。在两个色块的右上角会看到双向箭头的图标，单击它可以实现前景色和背景色的互换。使用"默认前景色/背景色"按钮即可恢复默认前景色/背景色。

(2)"颜色"面板："颜色"面板的左上角显示了前景色色块和背景色色块，单击任意一个色块，使之成为当前状态，可对当前状态的颜色进行设置。

另外还可以通过单击"颜色"面板底部的颜色条直接选取颜色，此时鼠标指针会成吸管状，直接吸取想要的颜色即可。

(3)"色板"面板：Photoshop 的"色板"面板存储了系统预设的颜色或用户自定义的颜色，既可以设置颜色，也可以存储颜色，还可以删除颜色。

【课后习题】

1. Photoshop "色板"面板，既可以设置颜色，也可以存储颜色，还可以删除颜色。（　　）
A. 正确　　　　　　　　B. 错误

2. 使用前景色或背景色设置颜色时可以找到（　　）恢复默认前景色/背景色。
A. 双向箭头图标　　　　B. 色板
C. "默认前景色/背景色"按钮　　D. 拾色器

1.8 浏览图像

扫一扫，看微课

【技能点】

（1）缩放工具：在工具面板的下方，单击放大镜图标，即缩放工具，可增加图像的显示倍率。如果按住 Alt 键不放，再单击缩放工具，图像文件的显示倍率则被缩小。

（2）缩放命令：

单击菜单栏中的"视图"→"放大"命令，可增大当前图像的显示倍率；

单击菜单栏中的"视图"→"缩小"命令，可缩小当前图像的显示倍率；

单击菜单栏中的"视图"→"按屏幕大小缩放"命令，可满屏显示当前图像；

单击菜单栏中的"视图"→"打印尺寸"命令，则当前图像以打印尺寸显示。

（3）组合键：

Ctrl+"+"组合键可以放大图像的显示比例。

Ctrl+"-"组合键可以缩小图像的显示比例。

在按 Ctrl+"+"/"-"组合键缩放图像显示比例时，如果同时按下 Alt 键，可使画布与窗口同时缩放。

双击抓手工具或按 Ctrl+"0"组合键，可以按屏幕大小进行缩放。

双击缩放工具或按 Ctrl+Alt+"0"组合键或按 Ctrl+"1"组合键，可以快速切换至 100% 的显示比例。

按 Ctrl+空格组合键，可切换到缩放工具的放大模式。

按 Alt+空格组合键，可切换到缩放工具的缩小模式。

（4）"导航器"面板：单击菜单栏中的"窗口"→"导航器"命令，弹出"导航器"面板，其中显示当前图像文件的缩览图。利用此面板，可以非常直观地控制图像的显示状态，如放大图像的显示比例或者缩小图像的显示比例等。

（5）抓手工具：如图像未能在显示屏中完全显示出来，可以使用抓手工具，操作时将鼠标放置在画布中且按住不放并进行拖动，这样就可以观察到图像的各个位置。在其他工具为当前操作工具时，按住键盘上的空格键不放，可以暂时将其他工具切换为抓手工具，以观察图像。

【课后习题】

1. 按住 Alt 键不放，再单击缩放工具，图像文件的显示倍率则被缩小。（　　）
   A. 正确　　　　　　　　　　B. 错误

2. 在其他工具为当前操作工具时，按住（　　）键可以暂时将其他工具切换成抓手工具。
   A. Ctrl　　　　　　　　　　B. Alt
   C. Shift　　　　　　　　　　D. 空格

1.9 纠正错误操作

扫一扫，看微课

【技能点】

（1）还原命令：在菜单栏中单击"编辑"→"还原"命令，可以返回到最近一次保存文件时图像的状态。

（2）后退一步命令：单击菜单栏中的"编辑"→"后退一步"命令，可以将对图像的操作向后退回一步，多次选择该命令可以一步一步取消已进行的操作。

（3）"历史记录"面板："历史记录"面板具有依据历史记录进行纠错的强大功能，此面板几乎记录了每一步操作。通过观察此面板，可以清楚地了解以前所进行的操作步骤，并决定具体回退到哪一个步骤。

【课后习题】

1．"历史记录"面板具有依据历史记录进行纠错的强大功能。（　　）
   A．正确　　　　　　　　B．错误
2．"历史记录"面板具有依据历史记录进行纠错的功能。此面板记录了（　　）操作。
   A．十步　　　　　　　　B．五十步
   C．一百步　　　　　　　D．几乎全部

第 2 章　Photoshop 的选区与路径

教学导航	本章名称	Photoshop 的选区与路径
	学习任务	2.1　Photoshop 制作选区； 2.2　调整变换选区； 2.3　钢笔路径； 2.4　路径编辑； 2.5　形状工具； 2.6　使用形状工具填充与描边； 2.7　路径运算； 2.8　文字录入； 2.9　文字编辑； 2.10　艺术字
	学习目标	掌握 Photoshop 中选区的基本概念及操作方法，了解路径工具和形状工具以及文字工具的使用方法
	教学重点	1. 选区的制作及调整； 2. 钢笔工具的使用； 3. 路径运算； 4. 文字录入及编辑
	教学难点	1. 选区的制作及调整； 2. 钢笔工具的使用

2.1　Photoshop 制作选区

扫一扫，看微课

【技能点】

（1）矩形选框工具：使用矩形选框工具可建立矩形选区，单击后拖动要选择的区域即可。在工作区上方有矩形选框工具的四个选项，分别为创建新选区、添加到选区、减少选区、相交选区。在选项栏"样式"菜单中有"正常""固定比例""固定大小"三个选项。默认状态是正常选项，利用矩形选框工具可以绘制任意大小的选区。

固定比例：选择此项后，宽度和高度数值输入框被激活，在其中输入数值可以固定选区的高度和宽度的比例。

固定大小：选择此项后，在宽度和高度数值输入框中输入数值，可以创建大小固定的选区。
拖动鼠标并按住 Shift 键，可以创建一个正方形选区，按住 Alt+Shift 组合键，可以创建以点为中心的正方形选区。

（2）椭圆选框工具：在工具面板中右击"矩形选框工具"，在弹出的快捷菜单中选择"椭圆选框工具"选项，其中多数参数与矩形选框工具相同。

（3）套索工具组：套索工具组中的工具主要用于创建不规则的选区，在此工具组中共包括三个工具。

① 套索工具：套索工具是通过自由地移动鼠标来创建选区的工具，选区形状完全由用户自行控制，其工具栏选项的意义与椭圆选框工具相似。

② 多边形套索工具：多边形套索工具主要用于创建具有直边的选区，操作时在选择对象的每个拐角处单击，直到最后一个单击点的位置重合时，得到闭合的选区。

在绘制过程中如果按住 Delete 键可以向前删除最近一次单击的选择区域拐点，从而修改最终得到的选择区域的形状。

使用此工具创建多边形选区时，按住 Shift 键拖动鼠标可得到水平、垂直或 45°方向的选择线。

③ 磁性套索工具：磁性套索工具能自动捕捉具有反差颜色的图像的边缘，从而基于图像边缘来创建选区，这个工具适合选择背景复杂但对象边缘对比度强烈的图像。

（4）魔棒工具组。

① 魔棒工具：使用魔棒工具能迅速在图像中选择颜色大致相同的区域，只需要用魔棒工具在要选择的区域单击即可。

容差：控制魔棒工具操作一次的选择范围，容差值越大，选择的颜色范围就越广。

② 快速选择工具：使用快速选择工具可以快速选取图像中的区域，其工具使用方式与画笔工具基本相同。

（5）色彩范围命令。

使用此命令可以从图像中一次得到一种颜色或几种颜色的选区。

选择：可以在"选择"下拉列表中选择一个选项，以定义要选择的图像范围。

颜色吸管：选择吸管工具，单击图像中要选择的颜色区域，则该区域内所有相同的颜色将被选中。如果需要选择不同的几个颜色区域，可以在选择一种颜色后，选择"添加到取样"按钮，单击其他需要选择的颜色区域。如果需要在已有的选区中去除某部分选区，可以选择"从取样中减去"按钮，单击其他需要去除的颜色区域。

颜色容差：如果要在当前基础上扩大选区，可以将"颜色容差"滑块向右侧滑动，以扩大"颜色容差"数值。

反相：选择"反相"命令可以将当前选区反选。

本地化颜色簇：如果希望精确控制选择区域的大小，选中此复选框，应用吸管工具在图像中单击，此时"范围"滑块将被激活，拖动此滑块将以单击的位置为中心，调整选区的范围。

【课后习题】

1. 下面用于创建规则选区的工具是（　　）。
A. 魔棒工具　　　　　　B. 椭圆选框工具
C. 套索工具　　　　　　D. 磁性套索工具

2. 下面可以用于创建不规则选区的工具包括（　　）。
A. 色彩范围　　　　　　　　B. 魔棒工具
C. 快速选择工具　　　　　　D. 套索工具
3. 使用椭圆选框工具时，需要配合（　　）键才能绘制出正圆。
A. Shift　　　　　　　　　　B. Alt
C. Ctrl　　　　　　　　　　D. Alt+ Ctrl

2.2　调整变换选区

【技能点】

1. 移动选区

使用任何一种选框工具，将光标放在选区内，此时光标的形状会变形，表示可以移动。直接拖动选区，即可将其移至图像另一处。

2. 取消选区

在菜单栏中单击"选择"→"取消选择"命令或按 Ctrl+D 组合键，可取消选区。

3. 再次选择历史选取的选区

如要载入最近一次载入的选区，可在菜单栏中单击"选择"→"重新选择"命令或按 Ctrl+Shift+D 组合键。

4. 反选

在菜单栏中单击"选择"→"反向"命令，可以在图像中颠倒选区与非选区，使选区成为非选区，而非选区为选区。

5. 羽化

如需矩形选框工具、椭圆选框工具等创建的选区具有羽化效果，必须在绘制选区前在各个工具选项栏中输入"羽化"数值。

如果在创建选区后在"羽化"数值框中输入数值，该选区不会受到影响，此数值仅对后面创建的选区有效。

如果想对已存在的选区羽化，可以在菜单栏中单击"选择"→"修改"→"羽化"命令，在弹出的对话框中输入"羽化半径"数值。

6. 选择并遮住

"选择并遮住"命令可以在工具中进行选取、调整、修改。

7. 变换选区

在菜单栏中单击"选择"→"变换选区"命令可以对当前选区进行各种变换操作，从而使选区符合新的操作要求。

变换选区和变换图像的操作方法及变换方式是完全相同的，包括旋转、斜切、扭曲及透视等。

【课后习题】

1. 要变换选区，可以选择调出（　　）。
A. "选择"→"变换选区"命令
B. "编辑"→"变换图像"命令
C. "选择"→"变换图像"命令
D. "编辑"→"变换选区"命令

2. 取消选区操作的组合键是（　　）。
A. Ctrl+Alt+D
B. Ctrl+Shift+D
C. Ctrl+D
D. Ctrl+C

3. （　　）是令选区内外衔接的部分虚化，起到渐变的作用，从而达到自然衔接的效果。
A. 羽化命令
B. 平滑命令
C. 扩展命令
D. 变换选区

2.3　钢笔路径

【技能点】

1. 钢笔工具

创建路径最常使用钢笔工具。使用钢笔工具在画布中单击确定第一点，然后在另一位置单击，两点之间创建一条直线路径；如果在单击另一点时拖动鼠标，则可以得到一条曲线路径。

选择钢笔工具后，在工作区上方可以选择"形状"、"路径"或"像素"选项，可以绘制出相应的路径。

如果要创建闭合路径，将鼠标光标放在第一个节点上，当鼠标光标下面显示一个小圆时，单击即可得到闭合的路径。

在路经绘制结束后，如果要创建开放的路径，在工具面板中选择直接选择工具，然后在画布上单击，放弃对路径的选择，也可在绘制过程中按住 Esc 键退出路径的绘制状态以得到开放的路径。

2. 自由钢笔工具

在使用方法上，自由钢笔工具与铅笔工具有几分相似，只是经过自由钢笔工具描绘的路径，可以进行编辑从而形成一条比较精确的路径。

3. 添加锚点工具

如需在一条路径上添加锚点，可使用添加锚点工具来完成该操作。

在路径被激活的状态下，选择添加锚点工具，直接单击要增加的位置，即可以增加一个锚点。

4. 删除锚点工具

与添加锚点工具相反，删除锚点工具的作用是删除路径上的锚点，将此工具光标置于一个锚点上，单击即可删除此锚点。

5. 转换点工具

转换点工具可以将直角型节点、光滑节点与拐角节点进行转换。将光滑节点转换成直角型节点时，用转换点工具单击此节点即可。要将直角型节点转换为光滑节点，可以用转换点工具单击并拖动此节点。

如果要删除路径线段，用直接选择工具选择要删除的线段，然后按 Backspace 或 Delete 键即可。

【课后习题】

1. 下列不用于绘制路径的工具包括（　　）。
   A. 钢笔工具　　　　　　　　B. 自由钢笔工具
   C. 直接选择工具　　　　　　D. 添加锚点工具
2. 利用（　　）可以将直角型节点、光滑节点与拐角节点进行转换。
   A. 添加锚点工具　　　　　　B. 自由钢笔工具
   C. 直接选择工具　　　　　　D. 转换点工具

2.4　路径编辑

扫一扫，看微课

【技能点】

1. 路径选择工具

在编辑过程中如果选择整条路径，可以使用路径选择工具，在整条路径被选中的情况下，路径上的锚点全部显示为黑色小正方形。

2. 直接选择工具

要选择路径中的锚点，需使用工具面板中的直接选择工具，路径中的锚点处于被选中状态时是黑色小方块，没有选中的锚点是空心小方块。

根据需要可以用点选的方法选择一个锚点，如果要选择多个锚点，可以按住 Shift 键不断单击锚点，或按住鼠标左键拖出一个虚线框，释放鼠标左键后，虚线框中的锚点将被选中。

3. 新建路径

打开"路径"面板，单击"路径"面板底部的"创建新路径"按钮，即可创建空白路径。另外使用路径绘制工具绘制路径时，如果没有在"路径"面板中选择任何一个路径，则会自动创建一个工作路径。

如需为新创建路径重命名，可以按住 Alt 键并单击"创建新路径"按钮，在弹出的对话框中输入新路径的名称，单击"确定"按钮即可。

4. 保存工作路径

每次绘制新路径时，都会自动创建一个工作路径，当再次绘制新路径时，该工作路径中的内容就会被代替，要永久保存工作路径中的内容，就必须将其保存起来。

保存工作路径可以双击该路径的名称，在弹出的对话框中单击"确定"按钮即可。

5. 隐藏路径线

在默认状态下，路径以黑色线显示于当前图像中。这种显示状态在某些情况下，将影响其他操作。要隐藏路径，可以在路径选择工具、直接选择工具及钢笔工具等任意一种工具被选中的情况下，按 Esc 键，另外还可以单击"路径"面板的空白处。

6. 选择路径图层

与选择多个图层方法一样，可以在"路径"面板中选择多个路径图层。

在选中多个路径图层后，可以使用路径选择工具、直接选择工具或钢笔工具等，对它们进行选择和编辑。如果按住 Delete 键执行删除操作，则选中的路径图层及其中的路径都会被删除。

7. 删除路径

对于不需要的路径可以将其删除，利用路径选择工具选择要删除的路径，然后按 Delete 键。

如需删除某条路径中包含的所有路径组件，可以将该路径拖动到"删除当前路径"按钮上。

8. 复制路径

要复制路径，可以将"路径"面板中要复制的路径拖动至"创建新路径"按钮上，如果要将路径复制到另一个图像文件中，选中路径并在另一个图像文件可见的情况下，直接将路径拖动到另一个图像文件中即可。

9. 将选区转换为路径

先创建选区，再将选区转换为路径进行编辑，要由选区生成路径，可以按下述步骤操作：

结合各种选区创建功能，创建要转换为路径的选区；

创建选区后直接单击"路径"面板底部的"从选区生成路径"按钮；

弹出"建立工作路径"对话框，设置容差数值，"容差"数值决定了路径所包括的定位点数。

如果输入一个较高的容差值，则用于定位路径形状的锚点较少，得到的路径将平滑。如果输入一个较低的容差值，则用于定位路径形状的锚点较多，得到的路径将不平滑。

10. 将路径转换为选区

（1）要将当前选择的路径转换为选区，可以单击"路径"面板底部的"将路径作为选区载入"按钮，或在此面板右上角的菜单中单击"建立选区"命令，弹出"建立选区"对话框。

（2）路径绘制完成后，可以在钢笔工具状态下右击画布，在弹出的快捷菜单中单击"建立选区"命令。

【课后习题】

1. 下列可以用于编辑路径的工具包括（　　）。
   A. 转换点工具　　　　　　B. 路径选择工具
   C. 删除锚点工具　　　　　D. 钢笔工具
2. 下列关于选择路径的说法不正确的是（　　）。
   A. 使用路径选择工具可以选中整条路径
   B. 使用直接选择工具可以选中路径中的某个锚点
   C. 使用直接选择工具按住 Alt 键可以选中整条路径
   D. 使用直接选择工具只能选择路径中的锚点及路径
3. 按住 Alt 键的同时，使用（　　）选择路径后，拖动该路径，会复制该路径。
   A. 路径选择工具　　　　　B. 自由钢笔工具
   C. 钢笔工具　　　　　　　D. 移动工具

2.5 形状工具

扫一扫，看微课

【技能点】

1. 形状工具组

利用形状工具，可以创建各种几何形状或路径，在工具面板中的形状工具组上右击，将弹出隐藏的形状工具，使用这些工具可以绘制出各种标准的几何图形。

2. 精确创建图形

使用矩形工具、椭圆工具、自定形状工具等图形绘制工具时，可以在画布中单击，此时会弹出一个相应的对话框，以使用椭圆工具为例，将弹出"创建椭圆"对话框，在其中设置适当的参数，然后单击"确定"按钮，即可精确创建椭圆。

3. 调整图形大小

创建图形后，可以在工具选项栏中精确调整其大小。在工具选项栏的 W 和 H 数值输入框内输入具体的数值，即可改变图形的大小。

4. 创建自定义形状

如果工具面板中没有合适的形状工具，根据需要我们可以自己创建新的自定义形状，按照下面步骤操作：

选择并使用钢笔工具创建所需要的形状的外轮廓路径；

选择路径选择工具，将路径全部选中；

在菜单栏中单击"编辑"→"定义自定形状"命令，在弹出的"形状名称"对话框中输入新形状的名字，然后单击"确定"按钮即可；

在工具面板中单击"自定形状工具"，显示形状列表框，即可选择自定义的形状。

2.6 使用形状工具填充与描边

【技能点】

扫一扫，看微课

使用工具面板中的形状工具创建一个矩形，如要对这个矩形填充颜色，可以单击工作区上方"填充"命令旁边的"颜色设置面板"按钮，单击之后在弹出的"颜色"面板中设置好颜色，除此之外还可以填充渐变和图案。

单击状态栏中的"描边"按钮，可以给描边添加颜色、图案与渐变效果，设置好之后，"描边"按钮的后方可以设置描边的粗细与描边方式。

【课后习题】

我们只能给形状填充颜色。（　　）

A. 正确　　　　　　　　　　B. 错误

2.7 路径运算

【技能点】

扫一扫，看微课

在工具面板中找到椭圆工具，用椭圆工具在画布中画一个圆，画好之后填充一种颜色。

形状工具的状态栏后方有"路径操作"按钮，此按钮就是路径运算工具，单击后会弹出下拉菜单，菜单中有6个选项，分别为"新建图层""合并形状""减去顶层形状""与形状区域相交""排除重叠形状""合并形状组件"选项。

【课后习题】

1. 熟练运用路径运算工具可以绘制出不规则的图形。（　　）

A. 正确　　　　　　　　　　B. 错误

2. 如果我们只想留下两个图形重合的部分，需要选择"合并形状"选项。（ ）
A. 正确　　　　　　　　　　B. 错误

2.8　文字录入

扫一扫，看微课

【技能点】

1. 输入水平或垂直文字

输入水平文字，首先选择工具面板中的横排文字工具，在需要输入文字的位置单击，在光标后输入文字即可。

输入垂直文字与输入水平文字的方法相同，首先选择工具面板中的直排文字工具，在需要输入文字的位置单击，然后在此光标后输入文字即可。

2. 转换横排文字与竖排文字

首先利用横排文字工具或直排文字工具输入文字，然后单击工具选项栏的"切换文本取向"按钮，即可实现横排文字与竖排文字的转换。

3. 输入点文字

点文字的特点是输入的文字不会自动换行，一直会沿着文字方向延展，如果想让输入的文字换行可以按 Enter 键。

4. 输入段落文字

单击工具面板中的横排文字工具，在画布上从左上到右下拉出文本框，在文本框里即可输入段落文字。段落文字的特点是文字达到文本框的边缘时会自动换行。

需要注意的是，在旋转和斜拉定界框时，其中的文字也会发生变化，但在缩放定界框时，文字的大小没有变化。如果要在调整定界框大小时缩放文字，需按住 Ctrl 键拖动定界框。

5. 转换点文字与段落文字

转换为段落文字时，单击菜单栏中的"类型"→"转换为段落文本"命令；转换为点文字时，单击菜单栏中的"类型"→"转换为点文本"命令。

【课后习题】

1. 点文字的特点是（　　）的文字不会自动换行。
A. 截取　　　　　　　　B. 独立　　　　　　　　C. 输入
2. 我们可以利用 Photoshop 的钢笔工具转换横排文字与竖排文字。（　　）
A. 正确　　　　　　　　　　B. 错误

2.9 文字编辑

【技能点】

1. 格式化文字

使用工具面板中的文字工具,在画布上输入文字,单击工具选项栏中的"切换字符"和"段落面板"按钮,会弹出"字符"面板。"字符"面板中的参数可以有效控制文字的各种属性,有助于完成字体的处理与编辑工作。

2. 格式化段落

使用工具面板中的文字工具,在画布上输入段落文字,单击工具选项栏中的"切换字符和段落面板"按钮,会弹出"字符"面板,在此面板中可以编辑相关参数。

3. 将文字图层转换为普通图层

在文字图层上右击,选择"格栅化文字"命令,可以将文字图层转换为普通图层,即原来的矢量文字已经被转换为位图图像。

4. 由文字生成路径

该操作可以将文字变换成想要的形状,在菜单栏中单击"类型"→"创建工作路径"命令,可以生成与文字外形相同的工作路径。使用工作路径可以设置"填充""描边"等效果。

【课后习题】

1. 在使用文字工具时应先在画布上输入(   ),再单击"切换字符段落面板"按钮。
A. 文字　　　　　　　　B. 画笔　　　　　　　　C. 钢笔
2. 右击文字图层,在弹出的快捷菜单中选择"创建工作路径"命令,可以将文字图层转化为普通图层。(   )
A. 正确　　　　　　　　B. 错误

2.10 艺术字

扫一扫,看微课

【技能点】

1. 给文字变形

选中文字,选择"创建文字变形"按钮,变形文字样式有:扇形、下弧、上弧、拱形、凸起、贝壳、花冠、旗帜、波浪、鱼形、增加、鱼眼、膨胀、挤压、扭转。方向分为水平和垂直两个属性,同时可以调整的三个属性参数分别为:弯曲、水平扭曲、垂直扭曲。

2. 路径文字

新建画布，选择椭圆工具，在工具选项栏选择绘制路径，绘制一个圆形路径，选择文字工具，将鼠标指针放到路径上，当指针变成曲线的时候，单击路径输入文字，文字会沿着圆形路径方向环绕。

创建曲线或弧线文字和圆形文字一样，只是使用钢笔工具绘制路径，选择钢笔工具绘制一个曲线路径，切换到文字工具，将鼠标指针放到路径上，当鼠标指针变成文字加曲线时单击路径，输入文字，路径文字制作完成，也可按住 Ctrl 键选择路径锚点调整路径。

【课后习题】

下列属于变形文字样式的是（　　）。

A. 扇形　　　　　　　B. 圆形
C. 三角形　　　　　　D. 方形

第 3 章　Photoshop 的图像调整

教学导航	本章名称	Photoshop 的图像调整
	学习任务	3.1　色彩调整的初级方法； 3.2　色彩调整的中级方法； 3.3　色彩调整的高级方法； 3.4　画笔工具； 3.5　渐变填充工具； 3.6　橡皮擦工具； 3.7　修复工具
	学习目标	掌握 Photoshop 中色彩调整的不同方法，学习画笔工具及渐变填充工具的使用方法
	教学重点	1. 色彩调整的初级方法； 2. 画笔工具及修复工具； 3. 渐变填充工具
	教学难点	1. 色彩调整的高级方法； 2. 渐变填充工具

3.1　色彩调整的初级方法

扫一扫，看微课

【技能点】

1. 减淡工具

减淡工具位于工具面板中，在减淡工具属性栏中选择"高光"选项，勾选"保护色调"复选框，按住鼠标左键在需要减淡的地方涂抹即可完成"减淡"操作，同时也可选择"中间调""暗部"选项进行该操作。

2. 加深工具

加深工具位于工具面板中，在加深工具属性栏中需选择"暗部"选项，勾选"保护色调"复选框，按住鼠标左键，在需要减淡的地方涂抹即可完成"加深"操作，也可以选择"中间调"选项进行该操作，需要注意的是，作图时一般不会对"高光"进行加深操作。

3. 去色命令

选择需要去色的素材图片或者图层，在菜单栏中单击"图像"→"调整"→"去色"命令，或按 Ctrl+Shift+U 组合键，即可完成图片去色操作。

4. 反相命令

选择需要反相的素材图片或者图层，在菜单栏中单击"图像"→"调整"→"反相"命令，或按 Ctrl+I 组合键即可完成反相操作。

5. 阈值命令

选择需要进行调整的素材图片或者图层，在菜单栏中单击"图像"→"调整"→"阈值"命令，在弹出的阈值设置对话框中对图片进行对应的阈值设置，单击"确定"按钮即可。

【课后习题】

1. 以下哪种工具不能实现图像变亮？（　　）
A. 曲线工具　　　　　　　　B. 减淡工具
C. 加深工具　　　　　　　　D. 色阶工具
2. 以下哪种工具不能实现图像变暗？（　　）
A. 曲线工具　　　　　　　　B. 减淡工具
C. 加深工具　　　　　　　　D. 色阶工具

3.2　色彩调整的中级方法

扫一扫，看微课

【知识点】

在图像色彩调整中，主要有图像对比度、图像亮度和图像饱和度三个概念。

（1）图像对比度：一幅图像中，各种不同颜色最亮处和最暗处之间的差别，差别越大对比度越高，图像对比度与分辨率没有关系，只与最暗和最亮有关系，图像对比度越高图像给人的感觉就越刺眼，更加鲜亮、突出；图像对比度越低则给人感觉变化不明显，反差就越小。这个概念只是在给定的图像中，与图像中颜色亮度的变化有关。

（2）图像亮度：一幅图像给人的一种直观感受，如果是灰度图像，则与灰度值有关，灰度值越高则图像越亮。

（3）图像饱和度：彩色图像的概念，饱和度为 0，图像表现为灰度图像；饱和度越高颜色种类越多，颜色表现越丰富，反之亦然。

【技能点】

1. "亮度"/"对比度"命令

在菜单栏中单击"图像"→"调整"→"亮度/对比度"命令，并在"亮度/对比度"对话框中滑动滑块即可完成调整。

2. "色彩平衡"命令

在菜单栏中单击"图像"→"调整"→"色彩平衡"命令，并在"色彩平衡"对话框中勾选"保持明度"复选框，以及"阴影""中间调""高光"复选框，并滑动色彩条上的滑块，即可完成色彩平衡调整。

3. "照片滤镜"命令

在菜单栏中单击"图像"→"调整"→"照片滤镜"命令，在弹出的"照片滤镜"对话框中可以使用默认滤镜，也可以在下方自定义滤镜颜色，并通过调整浓度百分比达到想要的图片效果。如果想要素材图片不发生明度变化，则需要勾选"保留明度"复选框。

4. "阴影/高光"命令

在菜单栏中单击"图像"→"调整"→"阴影/高光"命令，在弹出的"阴影/高光"对话框中滑动阴影、高光滑块可以对素材图片进行相应调整。

5. "黑白"命令

在菜单栏中单击"图像"→"调整"→"黑白"命令，素材图片或者目标图层会变成黑白颜色，同时会弹出"黑白"对话框，可以在对话框中设置多种色彩的百分比，变化不同颜色百分比会让图片黑白对比产生变化。

【课后习题】

1. 以下哪个不是色彩调整的中级方法命令？（   ）
A. "亮度"/"对比度"命令
B. "阴影"/"高光"命令
C. "照片滤镜"命令
D. "色彩"→"饱和度"命令

2. 以下描述中不符合"阴影/高光"命令的是哪一个？（   ）
A. 当阴影数量百分比数值变大的时候，效果越不明显
B. 当高光数量百分比数值变小的时候，效果越不明显
C. 调出该命令的方法为在菜单栏中单击"图像"→"调整"→"阴影/高光"命令
D. 勾选"显示更多选项"复选框可以进行更高级的设置

3.3　色彩调整的高级方法

扫一扫，看微课

【知识点】

色彩的颜色具有三个基本属性：色相、彩度、明度。

色相：色相是色彩的最大特征，是指能够比较确切地表示某种颜色色别的名称。色彩的成分越多，色相越不鲜明。

彩度：彩度表示彩色与非彩色差别的程度，若彩度也用百分数表示时，其含义是"含彩量"或"含灰量"。

明度：色彩的明度是指色彩的明亮程度。各种有色物体由于它们反射光量有区别就产生了颜色的明暗强弱。色彩的明度有两种情况：一是同一色相不同明度；二是各种颜色的

不同明度。

【技能点】

1."色阶"命令

在菜单栏中选择"图像"→"调整"→"色阶"命令，在"色阶"对话框中可以进行图像色阶的调整。在对话框中有三个滑块，分别代表暗部、灰部、亮部。当滑动滑块的时候，图像会随着滑块的滑动而发生变化。

2."曲线"命令

在菜单栏中选择"图像"→"调整"→"曲线"命令，在弹出的"曲线"对话框中，可以通过单击该曲线上任意一点而对图像色彩进行变化调整。

3."色相"/"饱和度"命令

在菜单栏中选择"图像"→"调整"→"色相/饱和度"命令，在对话框中我们完成对图像的色相调整以及饱和度调整。

4."可选颜色"命令

在菜单栏中选择"图像"→"调整"→"可选颜色"命令，在弹出的"可选颜色"对话框中需要先选择想要调整的颜色，然后拖动下面多种颜色滑块，将该颜色调整为我们所需要的效果。

【课后习题】

1. "色阶"命令的主要作用是什么？（　　　）
A. 色彩饱和度　　　　　　　　B. 黑白灰对比
C. 色彩平衡　　　　　　　　　D. 以上说法均不正确
2. "色相/饱和度"命令的主要作用是什么？（　　　）
A. 色彩饱和度调整　　　　　　B. 黑白灰对比
C. 色彩平衡　　　　　　　　　D. 以上说法均不正确

3.4 画笔工具

【技能点】

扫一扫，看微课

在工具面板中选择画笔工具，将鼠标指针移动到画布中，右击，在弹出的对话框中可自主选择需要的画笔类型，同时还可以在该对话框中对所选择画笔的大小以及边缘的软硬度参数进行调整。

通过单击菜单栏中"窗口"→"画笔"命令调出画笔参数预设对话框，在该对话框中可以对画笔的"形状动态""分散属性""颜色动态""传递参数"以及其他附加参数进行设置。

如需新建画笔，需创建一个画笔原始图案，选中该图案，在菜单栏中执行"编辑"→"定义画笔预设"命令，在"画笔名称"对话框中给画笔命名，单击"确定"按钮，即可创建画笔。

如需删除画笔，则需在弹出的"画笔预设管理器"对话框中选择要删除的画笔，再单击右侧"删除"按钮即可完成画笔的删除操作。

【课后习题】

1. 以下选项中哪一个不属于画笔选项中的工具？（　　）
   A. 画笔工具、铅笔工具
   B. 画笔工具、颜色替换工具
   C. 颜色替换工具、混合器画笔工具
   D. 渐变工具、填充工具
2. 以下选项中哪一个不属于画笔参数？（　　）
   A. 颜色动态　　　　　　　　B. 传递参数
   C. 径向渐变　　　　　　　　D. 分散属性

3.5　渐变填充工具

【技能点】

扫一扫，看微课

1. 油漆桶

在工具面板中选择油漆桶工具，设置好颜色后，在画布中要填充颜色的位置单击，即可完成颜色填充。填充前可在"油漆桶工具"属性栏对填充工具进行设置，可以填充需要的图案效果，改变填充的颜色模式、不透明度及容差值。

2. 渐变工具

使用渐变工具需将鼠标指针放至油漆桶工具上，右击或长按鼠标左键，选择渐变工具，并在"渐变工具"属性栏对填充的渐变色进行选择与编辑。

【课后习题】

1. 以下哪一个选项对填充工具的描述是错误的？（　　）
   A. 色差值越大，可填充的范围相对也越大
   B. 填充工具不仅可以填充颜色，还可以填充图案
   C. 使用填充工具，需要勾选"消除锯齿"和"连续的"两个选项
   D. 以上说法均不正确
2. 渐变工具包含哪些渐变形式？（　　）
   A. 动态渐变、对称渐变、线性渐变、角度渐变、菱形渐变
   B. 径向渐变、黑白渐变、对称渐变、线性渐变、菱形渐变
   C. 动态渐变、黑白渐变、对称渐变、线性渐变、菱形渐变

D. 径向渐变、对称渐变、线性渐变、角度渐变、菱形渐变

3.6 橡皮擦工具

扫一扫，看微课

【技能点】

1. 橡皮擦的选用方法

（1）将鼠标指针移动到工具面板中，找到橡皮擦工具并单击。

（2）直接调用快捷键 E 键，即可完成橡皮擦工具的选用（注意：使用快捷键的时候必须处于英文输入法状态下）。

2. 橡皮擦大小的调整方法

（1）单击左上方的画笔预设选取器图标，更改橡皮擦工具的大小和硬度，硬度越大橡皮擦工具的边缘越清晰，硬度越小橡皮擦工具的边缘越模糊。

（2）将鼠标指针（橡皮擦圆环）放至画布中，右击可以调出"画笔预设管理器"对话框，并完成橡皮擦参数设置。

（3）通过键盘上的"["、"]"键完成橡皮擦大小的设置（注意：使用快捷键的时候必须处于英文输入法状态下）。

使用橡皮擦工具在创建的图层上单击，即可完成背景色擦除。

【课后习题】

1. 橡皮擦工具的快捷键是（　　）。
A. E 键　　　　　　　　　　B. C 键
C. Alt 键　　　　　　　　　D. B 键
2. 可以在"画笔预设选取器"对话框中调整橡皮擦工具的大小及硬度。（　　）
A. 正确　　　　　　　　　　B. 错误

3.7 修复工具

扫一扫，看微课

【技能点】

准备一张图片，在工具面板中找到修复画笔工具，选中修复画笔工具以后，鼠标光标变成圆环状，圆环的大小代表修复画笔工具修复的面积大小，调节修复画笔工具笔刷大小的方式有三种。

（1）通过单击左上方的画笔预设选取器图标，通过"画笔预设选取器"对话框可以调节修复画笔工具的笔刷大小、硬度及间距。

（2）选中修复画笔工具后将鼠标光标移动到画布中，右击，同样可以调出"画笔预设选取器"对话框，完成修复画笔工具的笔刷大小设置。

（3）通过"[" "]"键，可以修改画笔的笔刷大小。

设置完成后将光标移动到图片中不需要修改的部分，按住 Alt 键，此时光标会变成一个瞄准星外形的图案，按住 Alt 键的同时单击，单击的位置就被定义成了原点。

接下来将光标移动到图片中想要修改的部分，按住鼠标左键，拖动鼠标，这时图片中需要修改的部分，就被原点部分的内容替换掉了。

【课后习题】

1. 可以在"画笔预设管理器"对话框中调整修复画笔工具的大小及硬度。（   ）

  A. 正确   B. 错误

2. 修复画笔工具可以让画面中某些部分变模糊。（   ）

  A. 正确   B. 错误

第 4 章　Photoshop 的图层与通道

教学导航	本章名称	Photoshop 的图层与通道
	学习任务	4.1　图层的基本操作； 4.2　图层蒙版； 4.3　剪贴蒙版； 4.4　图层组及相关操作； 4.5　对齐、分布选择或链接图层； 4.6　图层样式详解； 4.7　图层混合模式； 4.8　变换图像； 4.9　智能对象图层； 4.10　通道基础知识； 4.11　Alpha 通道
	学习目标	掌握 Photoshop 中图层及蒙版的相关概念，熟练运用图层的相关调整方法，学习通道的基础知识
	教学重点	1. 图层的基本操作； 2. 图层蒙版； 3. 图层组及相关操作； 4. 通道基础知识
	教学难点	1. 图层及蒙版的操作； 2. 通道基础知识

4.1　图层的基本操作

扫一扫，看微课

【知识点】

图层可以理解为含有文字或图形等元素的纸张，一张张按顺序叠放在一起，组合起来形成页面的最终效果。图层可以精确定位页面上的元素。图层中可以加入文本、图片、表格、插件，也可以嵌套图层。

【技能点】

1. 新建图层

在"图层"菜单下单击"新建图层"命令或者在"图层"面板下方单击"新建图层"→"新建图层组"命令。

2. 复制图层

制作同样效果的图层，可以选中该图层后右击，在弹出的快捷菜单中选择"复制图层"命令，需要删除图层就选择"删除图层"命令。双击图层的名称可以重命名图层。

3. 颜色标识

在"图层"面板中右击一个图层可以给当前图层进行颜色标识，有了颜色标识后在"图层"面板中查找相关图层就会更容易。

4. 栅格化图层

一般建立的文字图层、形状图层、矢量蒙版和填充图层之类的图层，不能在图层上再使用绘画工具或滤镜工具进行处理。如需在图层上继续操作就需要使用栅格化图层命令，它可以将图层内容转换为平面的光栅图像。

5. 合并图层

图层在设计的时候很多图形分散在多个图层上，而对这些已经确定的图形，就可以选择多个图层并使用 Ctrl+E 组合键，将它们合并在一起便于管理。

【课后习题】

在 Photoshop 中双击"图层"面板中的背景层，并在弹出的"新建图层"对话框中输入图层名称，可把背景层转换为普通的图像图层。（　　）

A. 正确　　　　　　　　　　　B. 错误

4.2 图层蒙版

扫一扫，看微课

【知识点】

Photoshop 中的蒙版通常分为三种，即图层蒙版、剪贴蒙版、矢量蒙版。

蒙版中只能用黑白色及中间的过渡色（灰色）。蒙版中的黑色用于蒙住当前图层的内容，显示当前图层下面图层的内容；蒙版中的白色用于显示当前图层的内容；蒙版中的灰色是半透明状，用于将当前图层下面图层的内容若隐若现。

【技能点】

（1）创建图层蒙版：准备一张背景图和一张人物图，在人物图层上通过"图层"面板中的"添加图层蒙版"按钮，即可创建图层蒙版。

（2）在"图层"面板中选择要添加图层蒙版的图层，单击"添加图层蒙版"按钮，可以为所选图层创建图层蒙版（白色显示当前图层图像，黑色显示底层图像），如果按住 Alt 键同时单击"添加图层蒙版"按钮，则创建后的图层蒙版中填充色为黑色。

（3）在菜单栏中单击"图层"→"图层蒙版"命令，在弹出的的快捷菜单中选择相应的命令，分别为"显示全部""隐藏全部""显示选区""隐藏选区""从透明区域"命令。

（4）管理图层蒙版：图层蒙版被创建后，还可以根据系统提供的不同方式管理图层蒙版。常用的方法有查看、停用、启用、应用、删除和链接。

查看图层蒙版：按住 Alt 键的同时在"图层"面板中单击图层蒙版缩览图即可进入图层蒙版的编辑状态，再次按住 Alt 键单击图层蒙版缩览图即可回到图像编辑状态。

（5）停止/启用图层蒙版：如果要查看添加了图层蒙版的图像的原始效果，可暂时停用图层蒙版的屏蔽功能，按住 Shift 键的同时在图层蒙版上单击或者在"图层"面板中右击，在弹出的快捷菜单中选择"停用图层蒙版"命令，再次按住 Shift 键单击或在"图层"面板上单击"启用图层蒙版"命令，可恢复图层蒙版。

（6）删除图层蒙版：如果不需要图层蒙版，可直接将其拖至"图层"面板上的"删除图层"按钮上，在弹出的对话框中单击"删除"按钮即可。

（7）编辑图层蒙版是依据需要显示及隐藏图像，使用适当的工具来决定图层蒙版中哪一部分为白色，哪一部分为黑色。编辑图层蒙版的手段非常多，如工具面板中的各种工具以及滤镜中的命令等，都可以对图层蒙版直接编辑。

【课后习题】

Photoshop 中使一个图层成为另一个图层的蒙版情况下，可利用图层和图层之间的"编组"命令创建特殊效果。（　　）

A．正确　　　　　　　　　　　　B．错误

4.3　剪贴蒙版

扫一扫，看微课

【技能点】

（1）新建空白文档，输入文字，在文字图层上新建一个图层，填充一种颜色或者添加一种渐变色，将鼠标移动到新建图层和文字图层之间，按住 Alt 键，可以发现鼠标指针变为向下的箭头，单击，创建剪贴蒙版。

（2）此时文字图层显示出来，文字的颜色变成刚才填充的渐变色，剪贴蒙版的原理是剪贴蒙版需要两层图层，下面一层相当于底板，上面一层相当于彩纸，创建剪贴蒙版就是把上层的彩纸贴到下层的底板上，下层底板是什么形状，剪贴出来就是什么形状。

【课后习题】

剪贴蒙版是由多个图层组成的，其中，最下面的一个图层叫作基底图层。（　　）

A．正确　　　　　　　　　　　　B．错误

4.4　图层组及相关操作

扫一扫，看微课

【技能点】

1. 图层组的作用

（1）有效组织和管理各个图层。
（2）可以缩小"图层"面板的占用空间。

2. 图层建组

（1）单击"图层"面板最下面第 5 个按钮：创建新组，即可创建一个组。
（2）在菜单栏中单击"图层"→"新建"→"组"命令，也可以创建一个新组。

3. 复制图层组

在"图层"面板对应的组上右击，在弹出的快捷菜单中选择"复制组"命令，即可复制图层组。图层组下面的所有图层被原样复制到另外一个新组中。

4. 将图层移到图层组中

选择需要添加到图层组的多个图层，然后按 Ctrl+G 组合键，添加到组，按 Ctrl+Shift+G 组合键取消分组。

5. 图层组的展开/折叠操作

制作过程中，如果图层数过多，会导致"图层"面板很长，使得查找图层很不方便。可以将一个相关的大类放到不同的图层组中。需要的时候展开图层组，不需要的时候就将其折叠起来，无论图层组中有多少图层，折叠后只占用相当于一个图层的空间。

6. 图层组的重命名

刚建立的图层组，默认名称是"组 1""组 2"等，可以双击组的名称，给图层组重新定义一个有实际意义的名称，图层组的命名和图层的命名方法完全一样。

【课后习题】

复制一个包括里面所有图层的图层组，可以通过将它拖动到"图层"面板底部的"创建新组"按钮之上来实现，也可以通过在"图层"面板的菜单中单击"复制组"命令来实现。（　　）
A. 正确　　　　　　　　　　B. 错误

4.5　对齐、分布选择或链接图层

【知识点】

（1）根据选择或链接图层的内容，可以进行图层之间的对齐操作，有 4 种对齐方式。在菜单栏中单击"图层"→"对齐"命令,在移动工具选项栏中也有对应的按钮,作用相同。顶边可将选择或链接图层的顶层像素与当前图层的顶层像素对齐,或与选区边框的顶边对齐。

(2)垂直居中可将选择或链接图层上垂直方向的中心像素与当前图层上垂直方向的中心像素对齐,或与选区边框的垂直中心对齐。底边可将选择或链接图层的底端像素与当前图层的底端像素对齐,或与选区边框的底边对齐。

左边可将选择或链接图层的左端像素与当前图层的左端像素对齐,或与选区边框的左边对齐。

(3)水平居中可将选择或链接图层上水平方向的中心像素与当前图层上水平方向的中心像素对齐,或与选区边框的水平中心对齐。

右边可将选择或链接图层的右端像素与当前图层的右端像素对齐,或与选区边框的右边对齐。

(4)分布对齐。

顶边:从每个图层的顶端像素开始,间隔均匀地分布选择或链接的图层。
垂直居中:从每个图层的垂直居中像素开始,间隔均匀地分布选择或链接的图层。
底边:从每个图层的底部像素开始,间隔均匀地分布选择或链接图层。
左边:从每个图层的左边像素开始,间隔均匀地分布选择或链接图层。
水平居中:从每个图层的水平中心像素开始,间隔均匀地分布选择或链接图层。
右边:从每个图层的右边像素开始,间隔均匀地分布选择或链接的图层。
提示:分布操作只能针对三个或三个以上的图层进行。

【课后习题】

水平居中可将选择或链接图层上水平方向的中心像素与当前图层上水平方向的中心像素对齐,或与选区边框的水平中心对齐。(　　)
A. 正确　　　　　　　　　　B. 错误

4.6　图层样式详解

【知识点】

扫一扫,看微课

1. 投影

混合模式和不透明度可以和多种效果结合,例如,等高线能够有效提升设计效果。内阴影投影和内阴影的区别在于,前者是外部效果,而后者是内部效果。

2. 外发光

外发光可以处理外部光照,对于文本效果来说非常实用。外发光与投影、内阴影一样都有不透明度以及杂色的选项,但是外发光还有另外的特质,那便是图素、范围与抖动。当光照非常接近物体边缘时,"范围"选项可设置发光区域,而"抖动"选项决定了渐变与不透明度的重叠效果。

3. 内发光

图层样式中前 4 个选项为结构组——投影、内外发光均有这些选项。"居中"选项意味着光将从中心开始放射，而"边缘"意味着光从边缘放射到中心。

4. 斜面和浮雕

斜面和浮雕用来打造酷炫的高光，包括 5 种样式：内斜面、外斜面、浮雕效果、枕状浮雕、描边浮雕。

5. 光泽

光泽中的选项和投影类似，整体效果和添加一个叠加图层相近。

6. 颜色叠加

能够给图层叠加色彩、多种混合模式，不透明度比例可调。

7. 渐变叠加

非常常用的选项，能够有效提升作品效果。

8. 图案叠加

给图层加入图案，可选择混合模式，调整不透明度，调节缩放比例。

9. 描边

可改变描边的大小、填充类型（渐变、色彩、图案）、位置。

【课后习题】

图层样式具有极强的可编辑性，当图层中应用了图层样式后，会随文件一起保存，可以随时修改参数。（　　）

A. 正确　　　　　　　　　　B. 错误

4.7　图层混合模式

【技能点】

扫一扫，看微课

图层混合模式按照下拉菜单中的分组分为不同类别，具体如下。

（1）在"正常"模式下，"混合色"的显示与不透明度的设置有关。当"不透明度"为 100%，"结果色"的像素将完全由所用的"混合色"代替；当"不透明度"小于 100%时，混合色的像素会透过所用的颜色显示出来，显示的程度取决于不透明度的设置与"基色"的颜色。

（2）在"溶解"模式中编辑或绘制每个像素时，使其成为"结果色"。但是根据任何像素位置的不透明度，"结果色"由"基色"或"混合色"的像素随机替换。

（3）在"变暗"模式中，查看每个通道中的颜色信息，并选择"基色"或"混合色"中较暗的颜色作为"结果色"。比"混合色"亮的像素被替换，比"混合色"暗的像素保持不变。

（4）在"正片叠底"模式中，查看每个通道中的颜色信息，并将"基色"与"混合色"复合。"结果色"总是较暗的颜色。任何颜色与黑色复合都会产生黑色，任何颜色与白色复合总保持不变。当用黑色或白色以外的颜色绘画时，绘画工具绘制的连续描边产生逐渐变暗的过渡色。

（5）在"颜色加深"模式中，查看每个通道中的颜色信息，并通过增加对比度使基色变暗以反映混合色，如果与白色混合将不会发生变化。

（6）在"线性加深"模式中，查看每个通道中的颜色信息，并通过减小亮度使"基色"变暗以反映混合色。"混合色"与"基色"上的白色混合后将不会产生变化。

（7）在"变亮"模式中，查看每个通道中的颜色信息，并选择"基色"或"混合色"中较亮的颜色作为"结果色"。比"混合色"暗的像素被替换，比"混合色"亮的像素不变。在这种与"变暗"模式相反的模式下，较淡的颜色区域在最终的"合成色"中占主要地位，较暗区域并不出现在最终"合成色"中。

（8）"滤色"模式与"正片叠底"模式正好相反，它将图像的"基色"颜色与"混合色"颜色结合起来产生比两种颜色都浅的第三种颜色。

（9）在"颜色减淡"模式中，查看每个通道中的颜色信息，并通过减小对比度使基色变亮以反映混合色。与黑色混合则不发生变化。

（10）在"线性减淡"模式中，查看每个通道中的颜色信息，并通过增加亮度使基色变亮以反映混合色。

【课后习题】

在"图层"面板中，混合模式用于控制当前图层中的像素与它下面图层中的像素如何混合，除了背景图层，其他图层都支持混合模式。（　　）
A．正确　　　　　　　　　　B．错误

4.8　变换图像

扫一扫，看微课

【技能点】

（1）打开一张需要编辑的图片，在菜单栏中单击"编辑"→"变换"→"斜切"命令。在对角处，可以拖动图片变成想要的形状。或者扭曲，根据自己的需求变换不同的图形，如变形，它可以变为任何形状，以及实现翻转、旋转等。

（2）内容识别。

①打开图像，然后将图像复制到一个新的图层，并隐藏背景层。

②用选区工具将不需要变形的主体选中，然后单击"选择"→"存储选区"命令，保存选区。

③按 Ctrl+D 组合键，取消选区。

④在菜单栏中单击"编辑"→"内容识别比例"命令，在工具选项栏中操作，选择"保

护"选项中存储的选区名字。然后在工具选项栏输入缩放比例,也可以直接拖动图像四周的锚点改变图像大小比例。

【课后习题】

图像变换的效果不包括下面哪一项。(　　)
A. 排列　　　　　　　　　B. 旋转
C. 透视　　　　　　　　　D. 扭曲

4.9　智能对象图层

扫一扫,看微课

【知识点】

智能对象图层的特点如下:
(1)可以对图层进行缩放、旋转、斜切、扭曲、透视变换或使图层变形,而不会丢失原始图像数据或降低品质,因为变换不会影响原始数据。
(2)可以随时编辑智能对象图层的滤镜效果。

【技能点】

1. 创建智能对象图层的方法

(1)新建空白文档,将素材图片直接拖至空白画布中,软件会自动将图片图层设置为智能对象图层。
(2)在Photoshop中打开图片,再将图片拖曳到新建的空白画布上,此时图片图层为普通图层。接着将鼠标放到该图层上,右击,在弹出的快捷菜单中选择"转换为智能对象"命令(注意:不要将鼠标放在图层前面缩略图上,否则无法进行转换)。
(3)选中要转换为智能对象的图层,在菜单栏中单击"图层"→"智能对象"→"转换为智能对象"命令。

2. 导出智能对象

将鼠标放到该智能对象图层上右击,在弹出的快捷菜单中选择"导出内容"命令,在"另存为"对话框中给要导出的对象进行命名,并选择想要导出的路径即可完成智能对象图层的导出。

此外,智能对象图层是可以再次转换为普通图层的,同样将鼠标放至智能对象图层上,右击,在弹出的快捷菜单中选择"栅格化图层"命令,即可完成智能对象图层的栅格化。

【课后习题】

以下对于智能对象图层的说法正确的是(　　)。
A. 智能对象图层与普通图层一样,没什么区别

B. 智能对象图层可以进行所有的编辑命令
C. 智能对象图层不能转换为普通图层
D. 以上说法均不正确

4.10 通道基础知识

【知识点】

扫一扫，看微课

通道作为图像的组成部分，是与图像的格式密不可分的，图像颜色、格式的不同决定了通道的数量和模式，在"通道"面板中可以直观地看到。通道的分类如下。

1. Alpha 通道

Alpha 通道是计算机图形学中的术语，指特别的通道。有时，它特指透明信息，但通常的意思是"非彩色"通道。Alpha 通道是为保存选择区域而专门设计的通道，在生成一个图像文件时并不是必须产生 Alpha 通道。通常它是由人们在图像处理过程中人为生成，并从中读取选择区域的信息。因此在输出制版时，Alpha 通道会因为与最终生成的图像无关而被删除。但是有时，如在三维软件最终渲染输出的时候，会附带生成一张 Alpha 通道，用以在平面处理软件中后期合成使用。

除了 Photoshop 的文件格式 PSD，GIF 与 TIFF 格式的文件都可以保存 Alpha 通道。而 GIF 文件还可以用 Alpha 通道对图像进行去背景处理。因此我们可以利用 GIF 文件的这一特性制作任意形状的图形。

2. 颜色通道

一幅图像被建立或者被打开以后是会自动创建颜色通道的。当在 Photoshop 中编辑图像时，实际上就是编辑颜色通道。这些通道把图像分解成一个或多个色彩成分，图像的模式决定了颜色通道的数量，RGB 模式有 R、G、B 三个颜色通道，CMYK 图像有 C、M、Y、K 四个颜色通道，灰度图只有一个颜色通道，它们包含了所有将被打印或显示的颜色。当我们查看单个通道的图像时，图像窗口中显示的是没有颜色的灰度图像，通过编辑灰度图像，可以更好地掌握各个通道原色的亮度变化。

3. 复合通道

复合通道是由蒙版概念衍生而来的，用于控制两张图像叠盖关系的一种简化应用。复合通道不包含任何信息，实际上它只是同时预览并编辑所有颜色通道的一个快捷方式。它通常被用来在单独编辑完一个或多个颜色通道后使"通道"面板返回到它的默认状态。对于不同模式的图像，其通道的数量是不一样的。在 Photoshop 中通道涉及三种模式：RGB、CMYK、Lab 模式。对于 RGB 图像含有 RGB、R、G、B 通道；对于 CMYK 图像含有 CMYK、C、M、Y、K 通道；对于 Lab 图像则含有 Lab、L、a、b 通道。

4. 专色通道

专色通道是一种特殊的颜色通道，它可以使用除了青色、洋红（也称品红）、黄色、黑色以外的颜色来绘制图像。在印刷中为了让自己的印刷作品与众不同，往往要进行一些特殊处理，如增加荧光油墨或夜光油墨，套版印制无色系（如烫金）等，这些特殊颜色的油墨（我们称其为"专色"）都无法用三原色油墨混合而成，这时就要用到专色通道与专色印刷了。

在图像处理软件中，存有完备的专色油墨列表。我们只需选择需要的专色油墨，就会生成与其对应的专色通道。但在处理时，专色通道与原色通道恰好相反，用黑色代表选取（喷绘油墨），用白色代表不选取（不喷绘油墨）。由于大多数专色无法在显示器上呈现效果，所以其制作过程也带有相当大的经验成分。

5. 矢量通道

为了减小数据量，人们将逐点描绘的数字图像再一次解析，运用复杂的计算方法将其上面的点、线、面与颜色信息转化为数学公式，这种公式化的图形被称为"矢量图形"，而公式化的通道，则被称为"矢量通道"。矢量图形虽然能够成百上千倍地压缩图像信息量，但其计算方法过于复杂，转化效果也往往不尽人意。因此只有在表现轮廓简洁、色块鲜明的几何图形时才有用武之地，而在处理真实效果（如照片）时则很少用。Photoshop 中的路径，3D 软件中的预置贴图，Illustrator、Flash 等矢量绘图软件中的蒙版，都属于这一类型的通道。

【技能点】

（1）选择一张素材图片，可通过单击菜单栏中的"窗口"→"通道"命令找到"通道"面板。在"通道"面板中存在 4 个通道图层，分别为"RGB""红""绿""蓝"，在这 4 个图层中可以将"RGB"通道图层与"红""绿""蓝"通道图层理解为总分的关系。

（2）当选择"蓝""绿"通道的时候图片会呈现出蓝色、绿色等相关色。唯有将"红""绿""蓝"三个颜色通道全部打开的时候，图片才会呈现出正常颜色。在 Photoshop 中，RGB 图片的颜色是由红色、绿色、蓝色三种颜色共同作用而呈现出来的效果。

【课后习题】

RGB 颜色通道中的"R""G""B"分别表示什么？（　　）
A. 红色、黄色、蓝色
B. 红色、绿色、蓝色
C. 红色、紫色、蓝色
D. 以上说法均不正确

4.11　Alpha 通道

扫一扫，看微课

【技能点】

新建 Alpha 通道的方法为单击"通道"面板下方的"新建通道"按钮。

1. 将通道作为选区载入的方法

（1）选择"通道"面板的任一图层，单击"将通道作为选区载入"命令/按钮，那么该通道图层将被"蚂蚁线"选中，可对该颜色进行单独的操作和调整；

（2）选择要载入选区的通道，按下 Ctrl 键不松手，同时单击要载入选区的通道图层。

2. 删除通道图层的方法

（1）选中要删除的目标通道图层，右击，在弹出的快捷菜单中选择"删除通道"命令。

（2）选中要删除的目标通道图层，并拖曳到"通道"面板右下角的删除图标上。

（3）选中要删除的目标通道图层，单击"通道"面板右下角删除图标，弹出提示窗，确认删除当前目标通道图层。

当存在通道选区的时候，可以通过在菜单栏中单击"选择"→"存储选区"命令，对当前通道选区进行存储，当再次对该通道选区进行操作的时候可以直接在菜单栏中单击"选择"→"载入选区"命令新建通道选区，并进行编辑。

【课后习题】

1. 如何新建 Alpha 通道？（　　）

A. 在通道图层上右击，选择"新建通道"命令

B. 按 Ctrl+J 组合键

C. 单击"新建通道"按钮

D. 以上说法均不正确

2. 删除通道图层的方法有几种？（　　）

A. 只有一种

B. 有两种

C. 有三种

D. 以上说法均不正确

第 5 章　Photoshop 的高级智能工具

教学导航	本章名称	Photoshop 的高级智能工具
	学习任务	5.1　滤镜库； 5.2　液化； 5.3　模糊工具； 5.4　智能滤镜； 5.5　动作工具； 5.6　批处理
	学习目标	掌握 Photoshop 中滤镜的使用方法，了解动作工具以及批处理的使用方法
	教学重点	1. 滤镜库； 2. 模糊工具； 3. 动作工具； 4. 批处理
	教学难点	1. 智能滤镜； 2. 动作工具

5.1　滤镜库

扫一扫，看微课

【技能点】

（1）首先打开一张图片，在菜单栏中找到"滤镜"菜单并单击，在"滤镜"的下拉菜单中找到并单击"滤镜库"命令。

（2）"滤镜库"对话框左侧是滤镜库的预览窗口，可以通过这个预览窗口实时观察滤镜作用于图片后的实际效果。

"滤镜库"对话框的中间部分，是滤镜库中所有滤镜的缩略图，可以单击不同的滤镜缩略图给图片添加不同的滤镜效果。同一类的滤镜都在同一个文件夹中，单击文件夹左侧的箭头将其打开，即可看到文件夹中所有的滤镜。

"滤镜库"对话框的最右侧是每个滤镜所对应的参数设置，调整参数就能通过预览窗口实时观察到最终的效果。

当所有滤镜参数都设置完成，并且达到了相应效果之后，可以单击"滤镜库"最右侧上方的"确定"按钮，然后"滤镜库"对话框会关闭，回到工作区中，并可将设置好的滤镜效果永久应用于图片中。

【课后习题】

1. 在滤镜库中如果想要删除某个滤镜效果,需要单击(　　)按钮。
   A. 完成　　　　　　　　B. 删除效果图层
   C. 取消效果图层　　　　D. 删除滤镜
2. 在滤镜库中可以将多种不同的滤镜叠加在一起共同作用于图片。(　　)
   A. 正确　　　　　　　　B. 错误

5.2　液化

扫一扫,看微课

【技能点】

(1) 单击菜单栏中的"文件"菜单,在"文件"的下拉菜单中找到并单击"打开"命令,选择一张人像图片。在菜单栏中找到"滤镜"菜单并单击,在"滤镜"下拉菜单中找到并打开"液化"命令进入"液化滤镜"对话框。

(2) 打开液化滤镜后界面左边有一排纵向排列的图标,这些图标对应的就是液化滤镜具体的工具,常用的有向前变形工具、褶皱工具、膨胀工具等,可以选中某个工具,在预览窗口中的图片上单击并且拖动,这时就会看到图片变化后的效果。

中间的部分,也是液化滤镜中面积最大的部分,就是液化滤镜的预览窗口,通过预览窗口可以实时预览液化滤镜作用于图片后的效果。

最右侧是液化滤镜中每个工具所对应的参数设置,我们可以通过更改参数来改变工具的具体效果。

(3) 液化滤镜达到了想要的效果之后就可以单击"液化滤镜"对话框最右侧上方的"确定"按钮,然后"液化滤镜"对话框会关闭并回到工作区中,并且图像会被永久修改。

【课后习题】

1. 可以在"滤镜"菜单的下拉菜单中找到"液化"命令。(　　)
   A. 正确　　　　　　　　B. 错误
2. 我们常常用液化滤镜美化人像。(　　)
   A. 正确　　　　　　　　B. 错误

5.3　模糊工具

扫一扫,看微课

【技能点】

(1) 模糊工具位于工具面板中,当选中模糊工具后,鼠标光标变成圆环状,圆环的大小就是模糊工具的大小。通过单击"画笔预设选取器"图标调整模糊工具的大小及硬度。

(2) 通过调整强度,可以调整"模糊"的程度,调整好之后,将光标移动到图片中想要实现模糊效果的地方，反复单击，图片中的部分就会变得模糊了。

【课后习题】

1. 调整模糊工具的参数设置是在（　　）。
A."通道"面板　　　　　　　　B."图层"面板
C."画笔预设选取器"对话框　　D."滤镜库"面板
2. 模糊工具可以擦除画面中不需要的部分。（　　）
A. 正确　　　　　　　　　　　B. 错误

5.4　智能滤镜

扫一扫，看微课

【技能点】

（1）选择一张素材图片并打开，在菜单栏中找到"滤镜"菜单，在"滤镜"下拉菜单中，找到并单击"转换为智能对象"命令，在弹出的对话框中单击"确定"按钮，这时图片所对应的图层就会变成"智能对象"，图层缩览图的右下角就会出现一个灰色的"智能对象"图标。

（2）将鼠标移动到"滤镜"菜单下，在"滤镜"下拉菜单中找到"模糊"选项中的"高斯模糊"命令，调整模糊半径，单击"确定"按钮。

此时图片呈现"高斯模糊"之后的效果，图片所对应的图层的下方出现了智能滤镜的缩览图，只需要单击对应的滤镜效果前面的小眼睛图标，就可以控制滤镜效果的开启与关闭。

运用智能滤镜工具就可以既不破坏原有图层，同时还能给图层添加滤镜效果。

【课后习题】

1. 用智能滤镜给图层添加滤镜效果后，不可以修改。（　　）
A. 正确　　　　　　　　　　　B. 错误
2. 智能滤镜不会破坏原有图层。（　　）
A. 正确　　　　　　　　　　　B. 错误

5.5　动作工具

扫一扫，看微课

【技能点】

（1）在菜单栏中单击"文件"菜单，在"文件"下拉菜单中找到并单击"打开"命令，打开一张素材图片。

（2）在菜单栏中单击"窗口"→"动作"命令，打开"动作"面板，按 Alt+F9 组合键同样可以打开"动作"面板。

（3）单击"动作"面板最下方的"创建新动作"按钮，在弹出的"新建动作"对话框中单击"记录"按钮,用文字工具在图片中输入一行文本,输入完成后找到"动作"面板最下方的"停止播放"按钮,这时动作即可保存。

(4)打开其他图片,找到"动作"面板中的"播放"按钮,刚才的操作就会在新打开的图片中应用。

【课后习题】

1. 要使用动作工具,我们需要打开(　　)。
A. "画笔预设选取器"对话框　　　B. "文字"面板
C. "动作"面板　　　　　　　　　D. "滤镜库"面板
2. 动作工具可以记录单个动作,也可以连续记录多个动作。(　　)
A. 正确　　　　　　　　　　　　B. 错误

5.6　批处理

扫一扫,看微课

【技能点】

(1)首先需准备若干素材图片,使用 Photoshop 打开其中一张,在"窗口"下拉菜单中找到并单击"动作"命令,打开"动作"面板。

(2)单击"动作"面板下方的"创建新动作"按钮,在弹出的"新建动作"对话框中单击"记录"按钮。并在菜单栏中找到"图像"菜单,在其下拉菜单中找到"调整"选项,在"调整"选项中找到并单击"黑白"选项,在弹出的对话框中单击"确定"按钮,这时图片就变成了黑白效果。

(3)在图片文件夹中新建文件夹,命名为批处理,在菜单栏中单击"文件"→"存储为"命令,将图片保存到刚才创建好的文件夹中,单击"动作"面板下的"停止播放"按钮,这样动作就被记录下来了。

(4)单击"文件"菜单,在其下拉菜单中找到"自动"选项,在"自动"选项下找到并单击"批处理"命令,并在弹出的对话框中设置好刚才存储的动作,设置源路径为图片的文件夹,设置目标路径为批处理文件夹,设置好之后单击"确定"按钮。

经过短暂的等待后,Photoshop 会将所有的图片都变成黑白效果并且另存到批处理文件夹下。

【课后习题】

批处理可以批量处理相同操作的图片。(　　)
A. 正确　　　　　　　　　　　　B. 错误